果蔬果皮
多尺度生物力学原理与应用

王菊霞 / 著

中国农业出版社
北　京

图书在版编目（CIP）数据

果蔬果皮多尺度生物力学原理与应用 / 王菊霞著.
北京 ：中国农业出版社，2024. 9. -- ISBN 978 - 7 - 109 - 32529 - 6

Ⅰ. S6

中国国家版本馆 CIP 数据核字第 2024WN5628 号

果蔬果皮多尺度生物力学原理与应用
GUOSHU GUOPI DUOCHIDU SHENGWULIXUE YUANLI YU YINGYONG

中国农业出版社出版
地址：北京市朝阳区麦子店街 18 号楼
邮编：100125
责任编辑：郭银巧
版式设计：杨　婧　　责任校对：吴丽婷
印刷：北京中兴印刷有限公司
版次：2024 年 9 月第 1 版
印次：2024 年 9 月北京第 1 次印刷
发行：新华书店北京发行所
开本：700mm×1000mm　1/16
印张：11.5　　插页：2
字数：206 千字
定价：68.00 元

QIANYAN

前 言

果蔬作为人类膳食营养的重要来源，其生产已成为我国农业的重要支柱产业，随着人们生活水平的提高，人们对果蔬品质提出了更高的要求，但果蔬在贮藏、运输等环节中会承受静载、碰撞、挤压等多种载荷形式的作用，造成果实变形、果皮和果肉破裂，形成损伤，严重影响果蔬的品质及其经济效益。果蔬果皮作为果实的组成部分，对果实起到保护作用，果皮的生物力学性质对分析果蔬采收、包装、加工、贮存、运输等过程中的机械损伤有着重要的作用，确切的了解果蔬果皮的力学性质，不仅为设计制造有关的机械系统和加工工艺提供理论依据，而且为果蔬品种的优种优育提供参考依据，同时在细观尺度上定性定量地表征和解析果皮结构和功能，建立果蔬表皮理想化的微观结构仿真模型，为不同品种果蔬果皮微观组织结构的差异提供基础支持。

本书讲述果蔬果皮多尺度生物力学特性试验研究与微观结构分析，内容包括果蔬果皮拉伸力学性质、撕裂性质、剪切性质、穿刺性质、流变力学性质、微观结构观测、细观力学机理分析、微观组织结构变位仿真分析以及果蔬不同组织贮运品质生物力学评价。本书运用理论和试验相结合的方法，从宏观角度结合微观观测定性定量地分析了果蔬果皮生物力学性质及细观力学机理，深入剖析了细胞形状及大小的概率分布特征，获得果皮组织微观结构的 Voronoi

图，采用 Solidworks 软件创建苹果果皮穿刺模型进行穿刺应力应变的仿真分析，构建了苹果不同组织贮运品质生物力学评价体系，为果蔬的采收、包装、运输、加工等装备研发设计提供理论支持，为果蔬品种的优选优育及其质地评价提供参考。事实上，果蔬果皮属于黏弹性体，具有各向异性的特点，获得果皮多尺度的力学特性参数值，也可为果蔬贮运品质的评价及为提高果蔬贮运品质采取有效措施实施控制提供参考依据；同时考虑到果蔬采后仍进行着一系列的生理生化反应，引起果实失重和品质的下降，对果皮进行含水率、营养成分等的测定，可以实现从植物生理学角度探讨果皮的结构功能对果蔬贮运品质的影响。

本书在著者多年研究的基础上，参考国内外相关文献资料和最新研究成果编著而成，共 10 章，内容包括绪论、果蔬果皮拉伸力学性质研究、果蔬果皮撕裂性质研究、果蔬果皮剪切性质研究、果蔬果皮穿刺性质研究、果蔬果皮流变力学性质研究、果蔬果皮细观力学机理分析、果蔬果皮微观组织结构变位仿真分析、果蔬不同组织贮运品质生物力学评价以及总结与展望。考虑到果蔬生物力学研究过程中涉及多学科的专业知识，涵盖的领域较广，读者的知识背景存在差异等原因，本书在编写过程中，深入浅出，从基础知识入手，分析解释研究内容，通俗易懂，便于不同知识背景的读者阅读理解。

在本书编著过程中，得到崔清亮教授、郭玉明教授、陈维毅教授、郑德聪教授以及学生蒋冰瑶等的热情帮助，并参考和引用了一些国内外学者的相关研究成果，在此一并表示衷心感谢。

著　者

2023 年 8 月

MULU

目录

前言

第 1 章　绪论 …… 1

1.1　果蔬生物力学性质的研究 …… 1
1.2　果蔬果皮微观结构的研究 …… 7
1.3　果蔬细观力学机理研究 …… 8
1.4　果蔬果皮微观结构变位仿真研究 …… 9
1.5　本书主要研究内容 …… 10

第 2 章　果蔬果皮拉伸力学性质研究 …… 12

2.1　概述 …… 12
2.2　相同加载速度果皮拉伸特性研究 …… 13
2.3　不同加载速度果皮拉伸特性研究 …… 18
2.4　贮藏期果皮拉伸性质的变化 …… 26
2.5　不同种类果蔬果皮拉伸特性研究 …… 34
2.6　果皮化学组分含量对拉伸力学特性的影响 …… 39

第 3 章　果蔬果皮撕裂性质研究 …… 42

3.1　概述 …… 42
3.2　试验材料及仪器 …… 43
3.3　试样制作及试验方法 …… 43
3.4　试验原理 …… 44

3.5 试验结果与分析 …… 46

第4章 果蔬果皮剪切性质研究 …… 48

4.1 概述 …… 48
4.2 试样材料及仪器 …… 49
4.3 试样制作及试验方法 …… 49
4.4 试验原理 …… 50
4.5 试验结果与分析 …… 50

第5章 果蔬果皮穿刺性质研究 …… 54

5.1 概述 …… 54
5.2 相同压头果皮穿刺特性研究 …… 55
5.3 不同压头果皮穿刺特性研究 …… 57
5.4 果皮穿刺质地对果实硬度贡献率分析 …… 60
5.5 果皮破裂抗力与压头直径的相关性 …… 66
5.6 不同种类果蔬果皮穿刺性质研究 …… 68
5.7 果皮 P2 探头 TPA 穿刺力学特性分析 …… 72
5.8 果皮 P5 探头 TPA 穿刺力学特性分析 …… 77

第6章 果蔬果皮流变力学性质研究 …… 79

6.1 概述 …… 79
6.2 相同加载速度果皮流变特性研究 …… 80
6.3 不同加载速度果皮应力松弛特性研究 …… 95
6.4 不同种类果皮流变性质研究 …… 106

第7章 果蔬果皮细观力学机理分析 …… 109

7.1 概述 …… 109
7.2 微观结构观察方法 …… 109
7.3 果皮电镜扫描观察研究 …… 110
7.4 果皮光学显微镜观察 …… 119
7.5 果皮微观组织结构指标的测定 …… 121
7.6 果皮细观力学机理分析 …… 122
7.7 果皮微观损伤机理分析 …… 130

第 8 章　果蔬果皮微观组织结构变位仿真分析 ······ 133

8.1　概述 ······ 133
8.2　试样制备与方法 ······ 133
8.3　果皮微观组织结构仿真 ······ 134
8.4　数据分析方法的选择 ······ 142
8.5　果皮表皮细胞层 Voronoi 图的构建与分析 ······ 143
8.6　果皮穿刺特性模拟与分析 ······ 148

第 9 章　果蔬不同组织贮运品质生物力学评价 ······ 150

9.1　概述 ······ 150
9.2　苹果不同组织贮运品质生物力学指标体系构建 ······ 150
9.3　生物力学评价指标权重的确定 ······ 151

第 10 章　总结与展望 ······ 156

10.1　总结 ······ 156
10.2　展望 ······ 162

参考文献 ······ 164

第1章　绪　　论

果蔬在收获、包装、加工、运输等环节中容易受到外界载荷的作用产生机械损伤，使其果实质量下降，造成经济损失；而果蔬果皮既属于果实的组成部分，又相当于是果蔬的包装，对果实起到保护的作用。大量研究表明，果蔬果皮作为果实最外层的保护组织，果皮的性状直接影响到果肉部分的水分蒸发、水分平衡及果实表面的清洁；同时，果皮对温度和热能有阻隔能力，可以抵抗细菌和真菌病原体对果实的侵害，减少果实营养物质的浸出和降低果实新陈代谢。但果蔬果皮作为活的生物材料，在其整个生命活动中都贯穿着生物力的相互作用，生物力学性质指标可以预测其果皮的品质。

1.1　果蔬生物力学性质的研究

农业物料学是近几十年来发展较快的一门应用基础理论学科，是运用近代物理学的理论、方法和技术，对农业物料中具有共性的物理特性进行研究，旨在为各种机械系统如采收、生产、加工、包装、运输等的设计及使用操作提供可靠合理的设计依据。随着农业工程学科的深入发展，农业物料学这个具有广阔前景的新兴学科越来越受到人们的重视，它为物理学、工程学、生物学各学科间的发展与创新搭建了桥梁，在实现农业现代化的进程中将发挥巨大作用。农业生物力学就是运用力学方法定量地、分析地研究生物系统功能和构造的关系，将力学和生物学方法有机地结合起来，以解决农业工程中所需解决的问题，农业生物力学研究的对象中包括采前和采后均具有生命的果蔬果实。随着果蔬种植业的发展及果蔬商品化程度的不断提高，市场对果蔬的品质提出了更高的要求，果蔬在采收、采后各个环节中不可避免地会遇到各种力学问题，因此，近年来人们对果蔬的生物力学性质进行了广泛研究，为减少果蔬产品在采收、加工、包装、运输等过程中的损伤及为有关收获机械、加工机械、装运机械、包装设备系统的设计使用提供技术参数等。

1.1.1 果蔬整果生物力学性质研究

目前关于果蔬整果生物力学的研究主要以压缩、冲击、碰撞、振动、应力松弛、蠕变特性等试验形式进行，测定其破坏应力、破坏应变、弹性模量、松弛时间等，为果蔬在各个环节中损伤程度的评价提供参考，也可为设计机械及果蔬品质的评价提供依据。Peleg 等在研究苹果震动损伤时发现，苹果在运输时由于路面不平坦使得果实产生震动，震动时所能施加的循环载荷，即瞬间变化的冲击载荷是决定损伤程度的关键；一辆卡车箱床产生的震动加速度的峰值在 0.25～0.5 G，震动加速度的最高值可达到 7 G，从而使底部、中间及自动流动的顶层苹果产生高的压缩载荷造成较大损伤，但其他研究者发现，水果的震动损伤是由底部到顶部逐渐降低的。为了更好的设计、装配及控制番茄采摘机器人，Li 等选用两个不同品种的番茄，对其物理特性，如表面积、直径、高度、质量、体积等进行了深入细致的研究，并对其机械性能，如摩擦及滚动系数、断裂强度、破裂能、压缩率等进行了试验测定，结果表明，番茄的高度、直径、表面积、质量范围分别为 5.72～6.47 cm、6.98～7.53 cm、136.77～161.18 cm^2、143.47～162.87 g；番茄最大破裂能为 3.23 J，最小为 1.98 J；番茄内部小室的数量对断裂强度有着显著的影响，断裂强度随着番茄内部小室的增多而增大，根据番茄的力学性质可以确定采摘机器人采摘时抓取的位置，减少番茄采摘时的损伤。卢立新和王志伟对红富士苹果进行了不同高度及不同部位的跌落冲击试验，结果表明，苹果跌落高度越高，其跌落弹性恢复系统也会越低，随着跌落次数的增加，苹果所受到的冲击力会逐渐增大，且苹果的加速度峰值、冲击最大变形、冲击结束后的残余变形也逐渐增大。徐澍敏等以玉露桃为研究对象，对桃的撞击特性与损伤的关系进行了研究，表明前期采摘的桃碰撞力峰值随其高度的增加而增大，碰撞总时间缩短，碰撞力峰值随质量的增加而增大，碰撞总时间增加；后期采摘桃的碰撞力峰值亦随高度增加而增大，且碰撞时间略有缩短。另外，获得了玉露桃碰撞损伤的预测模型：

$$V=-0.877+0.161h+1.24m+0.031f \qquad (1-1)$$

式中：V ——机械损伤，cm^3；

h ——下落高度，cm；

m ——桃质量，g；

f ——坚实度，MPa。

该模型的决定系数较高，认为是一个可信的回归模型。

杨晓清和王春光对河套蜜瓜进行了蠕变特性的试验研究，结果表明，果实的硬度和温度对蜜瓜的蠕变速度及永久变形量会产生明显的影响，高温储运中果实的瞬时变形会随果实成熟度的提高而增加，为了减少河套蜜瓜在储运过程中造成的蠕变损伤，建议采取低温减轻重压的储运方式，以免蠕变变形持续发生，但在减轻承重的情况下，可适当提高储运温度。郭文斌等以马铃薯为研究对象，对其进行了应力松弛试验，表明马铃薯为黏弹性体，可以采用广义的 Maxwell 模型进行描述，发现马铃薯沿脐部方向的松弛应力较小；黏性系数对松弛时间的影响大于弹性模量对松弛时间的影响；马铃薯受压面积越大，其物料的衰变应力及残余平衡应力越小。杨晓清等为了解苹果梨在采摘、运输等各个环节中造成的机械损伤及在深加工过程中遇到的切片、压榨问题，对苹果梨进行了压缩试验，表明加载速率对苹果梨压缩时的生物屈服极限、破坏极限有影响，而果实硬度越大其果实的生物屈服极限越大，同时，果实肉质结构的各向异性使不同部位受压产生明显的差异性。曹振涛等以雪梨和酥梨为研究对象，基于原位观测手段来探究静压对梨子的力学-结构损伤特性，表明压距对损伤有显著影响，压速对两种梨子的影响不同。

1.1.2　果蔬果肉生物力学性质研究

果蔬果肉组织由许多复杂的细胞聚合而成，容易受到其成熟度及含水量的影响，且在收获、贮运等过程中对机械损伤敏感，造成果蔬外观质量受损导致经济损失，因此，许多学者对果肉力学性质进行了大量研究。Sadrnia 等利用有限元软件对压缩载荷下西瓜内部的损伤情况进行了模拟，使用平板对 2 种西瓜进行了纵向压缩试验，表明纵向压缩西瓜时其内部组织损伤所用的力仅为西瓜破裂时的 10%，果肉的破坏应力、破坏应变、刚度均低于其果皮。Scanlon 等和 Canet 等为了评价马铃薯机械性能对其果肉组织断裂强度影响，把马铃薯果肉组织制成哑铃状的试样，分别采用 2 cm/min 和 20 cm/min 的加载速度，对其进行拉伸和压缩试验，结果表明，马铃薯果肉组织结构平均断裂强度的变化范围为 0.13～0.45 MN/m^2，在相同的加载速度下，果肉组织结构的拉伸断裂强度大于其压缩时的断裂强度，不论采取哪种测试模式，断裂强度均随着加载速度的增加而减小；Schoorl 等采用 2 cm/min 的加载速度对马铃薯整果进行压缩，获得其断裂强度为 0.66～1.7 MN/m^2；wisey 等采用 20 cm/min 的加载速度压缩时，整果的断裂强度为 1.3～1.5 MN/m^2。王俊等以不同部位、不同取向、不同深度及朝向的梨果肉为研究对象进行了应力松弛试验，通过对梨肉松弛特性的分析，发现可采用三单元组合模型对梨肉的松弛曲线进行拟合，且随着梨肉取样部位、方向、深度的不同，松弛特性有较大的差异；中心处试样的松弛特性参数值最高，切向试样的应力松弛参数值偏低；梨果肉为各向异性材料，果实在存放、贮藏及果片在加工过程中应有意选择较好的方式。雷得天和马小愚以含水率为（71±1）%，收获后贮藏 15 d 的两个马铃薯品种果肉为材料制成直径 10 mm 的圆柱试样，获得果肉芯部组织破坏应力和破坏应变值的范围分别为 2.03～2.07 MPa 和 0.323%～0.366%，而表皮组织的范围分别为 1.68～1.71 MPa 和 0.299%～0.30%。钮怡清和胥义通过分析哈斯鳄梨果肉的应力松弛特性发现，随着贮藏温度的增大，果肉的松弛特性在贮藏期内发生显著性的变化，并构建了平衡弹性模量、主松弛时间、黏滞系数的预测模型及主松弛时间的货架期预测模型。杨玲等针对货架期的乔纳金苹果果肉进行了应力松弛和蠕变特性试验，表明蠕变参数初始弹性系数 E_0、延迟弹性系数 E_2'、η_1'、η_2'与松弛参数衰变弹性模量 E_1'、平衡应力 σ_e、黏性系数 η 等在货架期大体呈下降趋势；果肉硬度、内聚性、弹性、咀嚼性等均与蠕变参数初始弹性系数 E_0、延迟弹性系数 E_2'、黏性系数 η_1'和松弛参数平衡弹性模量 E_e、松弛时间 T_s、黏滞系数 η 之间呈显著正相关。蒋冰瑶等采用 TA. XT plus 型质构仪，选取 8 个加载速度对金冠、红富士苹果果肉进行穿刺力学特性试验，分析果实质地的变化，选定了评价不同品种苹果果肉脆度的指标。

1.1.3 果蔬果皮生物力学性质研究

许多果蔬果实最外层的果皮，如苹果、番茄、葡萄、橘子等，其力学性质对分析果实的机械损伤起着非常重要的作用，同时，其外果皮力学性质参数值的大小可以作为判断同一类果实不同品种是适合加工还是鲜果销售时至关重要的依据，且果皮作为果实最外层组织，对整个果实可起到保护的作用，获得果皮的弹性模量、抗拉强度等可以估计果实抵抗裂纹的能力，为更优良品种的培育提供选择依据。Hetzronia 等为了选择出适合加工或鲜消费的番茄品种，选用 5 个品种番茄果皮进行拉伸和穿刺试验，将果皮从整果上取下制成长条形和圆形分别用于拉伸试验和穿刺试验，拉伸试验获得了果皮的力-位移曲线、抗拉强度及弹性模量，对力-位移曲线进行了详细的分析，随着品种的不同及所取果皮厚度的不同，其抗拉强度值和弹性模量值的变化范围分别为 5.480～10.099 MPa、51.95～172.67 MPa，对试验数据进行方差分析表明，抗拉强度及弹性模量低的品种较适合工业加工；穿刺试验获得果皮平均刚度的变化范围为 3.9～7.5 N/mm，穿刺平均断裂强度的变化范围为 7.7～17.0 N，断裂强度和穿刺刚度的大小可以确定番茄品种是否适合机械收获及贮运。Krishna 等分别对采摘后置于常温环境（温度为 28 ℃，相对湿度为 58%）的橘子皮和冷藏条件下（温度为 7 ℃，相对湿度为 78%）的橘子皮进行拉伸、剪切试验，结果表明，在温度为 28 ℃，相对湿度为 58%的环境中贮藏 10 d 时果皮的拉伸断裂力从 15.6 N 下降到 10.8 N，抗拉强度从 0.17 MPa 下降到 0.13 MPa，弹性模量从 1.57 MPa 下降到 1.11 MPa，剪切力从 79.5 N 下降到 63.2 N，剪切能从 240.7 J 下降到 115.7 J；在冷藏条件下贮藏 1 d、3 d、7 d、10 d 时果皮的拉伸断裂力分别为 15.6 N、13.7 N、12.1 N、12.7 N，抗拉强度分别为 0.173 MPa、0.156 MPa、0.147 MPa、0.138 MPa，弹性模量分别为 1.57 MPa、1.48 MPa、1.36 MPa、1.03 MPa，剪切力分别为 79.5 N、77.2 N、71.7 N、66.3 N，剪切能分别为 240.7 J、225.5 J、185.8 J、165.3 J，无论在哪种贮存环境下果皮拉伸时的断裂力、抗拉强度及弹性模量和果皮剪切时的剪切强度及剪切能均随贮藏时间的延长而呈下降趋势；在冷藏环境下果皮品质保存较好，但在两种贮藏条件下果皮力学性质参数值的差异不明显。王荣等以刚采收的“巨峰葡萄”和“圣女果”番茄果皮为材料，对长条形果皮进行了纵横向的拉伸试验，获得果皮的应力-应变曲线，曲线大致呈 S 形，无明显的生物屈服点，获得葡萄皮纵横向的破坏强度分别为 0.83 MPa、1.17 MPa，弹性模量分别为 13.29 MPa、14.08 MPa，番茄皮纵横向的破坏强度分别为 4.32 MPa、3.79 MPa，弹性模量分别为 91.68 MPa、91.18 MPa，表明葡萄或番茄果皮的破裂强度可以作为其果实损伤的评价指标，建立了葡萄与番茄果皮的力学模型。果皮外观可以作为衡量果实质量高低的重要标准之一，果皮外观的光鲜尤为重要，尤其是对大众消费的水果而言，果皮如果存在缺陷将会影响其整个果实的商业价值，因此 Eckhard Grimm 等为了寻求“Elstar”苹果在气调贮藏期间容易在果皮上形成斑点的原因，对有褐变斑点的果皮和完好的果皮进行了拉伸试验，试验结果表明，有褐变斑点果皮的最大拉伸载荷及弹性模量均大于其完好果皮。张晓萍等在板枣的不同生长时期采样，研究其果皮特性与裂果的关系，发现板枣果皮断裂强度从幼果期到白熟期逐渐增长，于白熟期达到最大值，随后逐渐降低；板枣的裂果率与其果皮的断裂强度、果皮的韧性和果皮的破裂深度均呈负相关关系，果皮的断裂强度与果皮的破裂深度和果皮的韧性均呈极显著正相关关系。蒋冰瑶等以丹霞、红富士、国光苹果果皮为研究对象，选取 10 个加载速度，运用 TA. XT plus 型质构仪对不同品种苹果果皮阴阳面进行穿刺力学特性试验，发现相同加载速度下，同一品种阳面果皮穿刺强度大于阴面果皮穿刺强度，且存在极显著差异；相同加载速度下，丹霞果皮穿刺强度最大，红富士穿刺强度最小；不同品种的苹果果皮穿刺强度受穿刺部位影响均极显著；果皮穿刺强度与穿刺部位、加载速度呈极显著相关关系。潘睿等研究了 4 种菠萝果皮抗穿刺损伤性能，发现不同的品种和穿刺部位对果皮硬度均存在显著性影响；果皮破裂深度对“金菠萝”品种的影响呈极显著，而对“巴厘”“甜蜜蜜”品种的影响不显著。Wang 等针对不同品种苹果果皮进行了拉伸、剪切力学特性试验，发现不同品种果皮的损伤易感性存在差异。王菊霞等采用电子万能试验机对丹霞、红富士和新红星苹果果皮进行拉伸应力松弛和蠕变特性试验，得到了果皮松弛的初始应力、残余应力、应变保持和蠕变的初始应变、应力保持、蠕变量；建立了苹果果皮松弛和蠕变的数学模型，对松弛和蠕变特性参数进行了相关性和主成分分析，探明了苹果果皮表面碎裂损伤的原因并对不同品种果皮的质地做出评价，发现不同品种果皮的弹性因子和黏性因子的贡献率各不相同，反映出不同品种果皮表面在生长过程中碎裂及机械易损伤性存在差异。Wang 等为评价不同品种苹果果皮抵抗裂果的能力，对红富士和丹霞向阳面和向阴面果皮纵横向进行了撕裂试验，发现果皮撕裂时的载荷-位移曲线为多峰曲线，果皮试样撕裂的破坏模式是以细胞与细胞剥离的模式为主，细胞之间剥离时形成多峰曲线中的某一最高峰；同种果皮不同部位及不同品种果皮相同部位的撕裂强度均不相同，同种果皮不同部位间的撕裂强度差异不显著，丹霞果皮的撕裂强度大于红富士，且存在显著性差异，反映出丹霞果皮柔性好，红富士苹果果面在果实生长过程中易于碎裂。Wang 等为探索不同品种苹果果皮穿刺质地的差异及研究果皮穿刺质地对果实硬度的贡献率，分别采用直径为 2 mm、3.5 mm、7.9 mm、11 mm的圆柱体压头，分别在 0.1 mm/s、1 mm/s、5 mm/s、11 mm/s、17 mm/s 的加载速度下对红富士和丹霞苹果果皮及整果果实进行了穿刺力学特性试验，获得果皮及果实的穿刺载荷-位移曲线、破裂抗力与果皮的刚度；结果表明，同一品种苹果在相同压头下随着加载速度的增加，果皮破裂抗力及刚度、果实破裂抗力均呈现先增大后平缓的趋势；在相同加载速度下随着压头尺寸的增大，果皮及果实的穿刺力学特性参数间存在显著性的差异，果皮破裂抗力与压头直径之间呈显著正线性相关；不同品种苹果，在相同的加载速度下果皮及果实的破裂抗力均以红富士为最大；随着加载速度的增加，红富士果皮穿刺质地对果实硬度贡献率的变化相对较大；因此，红富士苹果比丹霞更易损伤。Wang 等以苹果、酥梨、台农芒果、长茄子果皮为研究对象进行拉伸试验研究，获得果皮拉伸应力-应变曲线、抗拉强度、弹性模量、断裂应变，试验结果表明，不同果蔬品种及同种果蔬果皮不同部位间果皮的力学性能均有差异，果蔬果皮属各向异性材料，具有一定的强度；4 种果蔬果皮的抗拉强度、断裂应变均值均以长茄子为最大，酥梨为最小，而弹性模量则以红富士苹果为最大，芒果为最小，反映出长茄子、红富士苹果果皮损伤敏感性低于酥梨果皮。

1.2　果蔬果皮微观结构的研究

随着人们生活质量的提高，消费者对果蔬的新鲜度提出了更高的要求。多项研究表明，果蔬果皮不仅是产品的组成部分，而且作为产品保护和保鲜的最外层结构，可以有效表达果蔬耐贮性的相关品质，且其物理结构与果实采后耐贮性及抗病性密切相关。通过果蔬果皮微观结构与其耐贮性机理的研究，不仅可以进行贮前预测选择出耐贮的品种进行保鲜贮藏，而且可以减少由于果蔬失水皱缩造成的直接经济损失，为果皮材料的物理结构在空间尺度上的探索提供一些参考信息。果蔬果实的最外层被果皮所覆盖，而果皮的构成包括角质层、表皮和数目不等的皮下细胞层，其角质层和表皮重要的功能就是保护果实免受环境胁迫，阻止果实内部水分散失、维持水分平衡及果实表面清洁、抵抗细菌和真菌病原体的侵害、减少营养物质浸出和降低新陈代谢等。Agata 等研究发现，耐藏性较好的苹果品种角质层相对较厚，在贮藏期间不易被病菌感染。Belding 等指出，衡量水果质量及贮藏期长的一个重要特性是果皮表面覆盖的角质层，并对不同苹果品种果皮的研究发现，果皮表面粗糙而且角质层较薄的品种在贮藏期间更易失水。陶世蓉等对不同耐贮性和食用品质的梨果实进行结构解剖发现，极耐贮藏的黄县长把梨角质层较其他梨厚。高爱农等对贮藏期的 3 种苹果果皮微观结构研究发现，角质层外表面平整，内表面也较平整，且与表皮细胞连接紧密，角质层结构晶片排列紧密有序的果皮其果实的贮藏特性大大增强，相反果皮角质层外表面不平整，破裂处多，表皮和下皮层细胞排列松散其间充有大量的木栓化物质，角质层的内表面和表皮细胞相互嵌合之处较多时其果实不易贮存。李治梅等对梨果皮的显微观察发现，梨果皮表皮层由单层细胞组成，耐贮的梨表皮细胞多为长方形或近方形，细胞粗短，排列比较紧凑，而不耐贮藏梨的表皮细胞多为梭形，细胞细长，排列比较疏松，细胞间隙较大；宫英美等对苹果果皮表皮细胞纵横径的观测发现，较耐藏的品种表皮细胞粗短，长粗比小，如国光和青香蕉的比值分别为 1.7 和 1.5；而耐藏性差的品种，表皮细胞细长，长粗比大，如金帅和红香蕉的比值分别为 2.2 和 1.9。屈红霞等对不同品种黄皮果皮超微结构的研究发现，耐贮性较差的黄皮果皮薄，外表皮表面气孔较大为10 μm×8 μm（长×宽），气孔开口处向内凹陷；孔振兰等研究表明，大白菜叶球的变质腐烂现象与气孔密度大小有一定的关系，大白菜叶球气孔密度大的部分比气孔密度小的部分容易变质、腐烂；

Faust 等和 Maguire 等对苹果果皮的研究表明，果实水分的散发与果皮上表皮皮孔的数量及其开张度有关。李宏建等对苹果果皮显微结构的观察发现，参试品种中果实表皮细胞的形态存在很大的差异，许多果实表皮细胞层存在明显的断裂现象，而且苹果果实表皮的断裂数在品种间存在显著的差异，果实贮期失重率与断裂数间呈极显著的正相关；Agata 通过扫描电镜观察发现，耐贮性较差的苹果表皮上微裂纹的数量多，且其微裂纹的宽度也较大。张敬敬等研究发现，西瓜果皮外果皮和石细胞团结构层数、石细胞团数量、排列方式等与果皮的硬度密切相关。田青兰等研究表明，中果皮细胞长径和短径、表皮细胞短径与硬度形变量均呈极显著负相关，而与黏力和黏性均呈极显著正相关；中果皮细胞小而紧密，西番莲有较大的果皮硬度，中果皮细胞大而稀疏，致使其果皮硬度最小。

1.3 果蔬细观力学机理研究

果蔬作为非均质的黏弹性材料，其组织结构是由许多复杂的细胞聚合而成，细胞的大小、形状、细胞间隙的宽度、细胞壁的机械性能、细胞的膨压等微观特征与果蔬的宏观力学性质均密切相关，研究果蔬的微观结构可从机理上了解同一种类不同品种及不同种类果蔬的力学性质的差异，同时也可为选育优种的果蔬材料提供理论依据。因而许多学者通过研究果蔬的细观特征来解释其宏观力学性质的差异。Oey 等为了探究苹果果肉组织在拉伸及压缩时细胞的变形情况对细胞膨压的影响，分别以新鲜和贮藏的同一品种苹果果肉为研究对象对其进行力学性质试验，同时将微拉伸试验机（图 1－1）放置在装有一部 CCD 照相机的立体显微镜下以便在试验时进行连续拍照观察细胞的变形（图 1－2），试验结果表明，在拉伸和压缩试验时单个细胞的尺寸发生了很大的变化，尤其是细胞的长宽比对细胞的膨压有着明显的影响，即细胞长宽比增大时细胞的膨压较低，细胞的面积和周长对细胞膨压的影响不明显。Alamar 等运用同样的仪器对乔纳金和布瑞本两个苹果品种在鲜果及贮藏期的果肉组织进行了拉伸和压缩试验，试验发现，乔纳金果肉细胞间隙远大于布瑞本，因而乔纳金果肉组织更易压缩；不同品种果肉组织的拉伸曲线不同是因不同品种间果肉细胞的大小及形状、细胞壁的厚度等的差异，Harker 等对甜瓜和香蕉及 Belie 等对梨的研究也有同样的发现。Vanstreels 等对洋葱表皮组织结构进行了纵向和横向的拉伸力学试验，同时观察了组织中单个细胞的变形，表明细胞面积对表皮组织结构强度有着负面的影响，而细胞的排列方向对表皮组织结构的强度有着积极影响；细胞较小且较短的试样与细胞较大较长的试样相比，在拉伸时的过渡区较宽，且其最大应力也相对较小；在拉伸时细胞形状的变化横向试样大于其纵向试样。Wang 等对不同品种果蔬进行果皮拉伸特性试验，并采用扫描电子显微镜观测了果皮微观组织结构，发现果皮承载能力取决于表皮上微裂纹的数量、宽度及分布状态、表皮细胞及果点的形状等。Wang 等针对苹果果皮进行了撕裂性能试验，并运用扫描电子显微镜观察了果皮横截面及试样撕裂裂缝形态的显微结构，发现果实裂果及果皮碎裂的发生与果皮上角质层的结构密切相关，角质层均匀致密且较厚时，果实易于开裂。

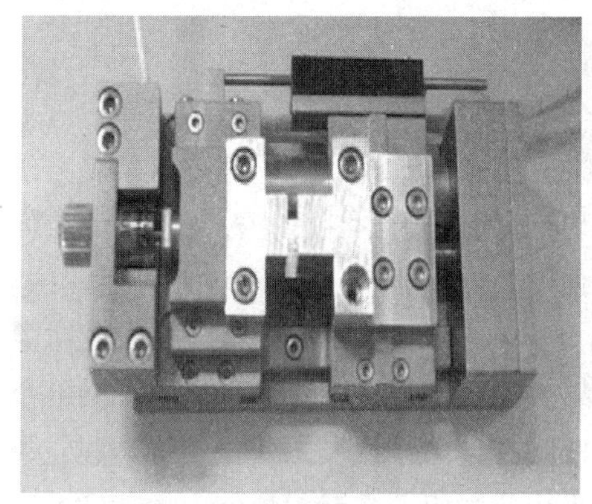
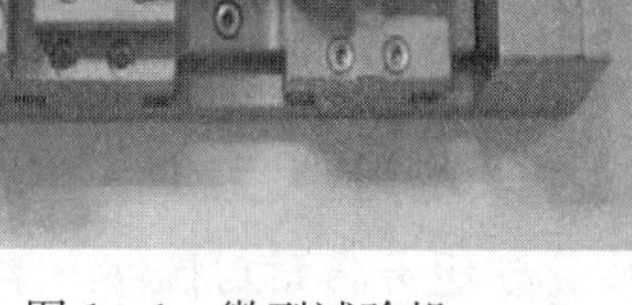

图 1-1　微型试验机

图 1-2　立体显微镜下观察到的果肉细胞

1.4　果蔬果皮微观结构变位仿真研究

在充分了解和认识生物结构与功能的基础上，设计和构建与具结构和功能相似的材料在许多领域已成为现实。竹子结构是自然界中存在的比较典型的轻量化结构，马建峰等在分析竹子优良的力学性质和微观结构的基础上，进行了柱状结构的仿生设计，并运用有限元方法对仿生的结构进行分析计算，表明仿生结构相比原型结构无论是在强度还是在刚度方面都有很大程度的提高，同时在动力学性能方面，仿生型结构的模态也有了改善。Smith 等为分析猕猴桃果实的品质，虚拟了果实与藤架形态结构三维重建的静态模型，基于结构单元的树模型 LIGNUM 的研制，实现了对树冠结构的生长及其生理代谢进行可视化的描述；宋有洪等建立了玉米植株生长过程中各器官形态变化以及植株高度、叶面积动态的仿真模型，呈现出玉米植株生长的可视化过程。此外，在 20 世纪 90 年代一些学者为了获得采后果蔬微观组织结构的计算机仿真模型，采用了二维 Voronoi 模型研究了果蔬随机分布的薄壁组织微观构成及细胞的收缩等。侯聚敏通过使用激光共聚焦显微镜对苹果果肉组织进行了观察，构建了基于观察结果的 Voronoi 模型；杨兴胜构建了基于果肉细胞显微图像的 Voronoi 模型，并根据实际情况对模型进行了调整，采用该模型进行了果肉组织干燥试验，结果表明，采用贴近果肉组织微观结构的网格划分方式进行模拟，精确度得到有效提升。

1.5 本书主要研究内容

本书研究内容主要包括以下几部分：

(1) 果蔬果皮常规的力学性质研究

试验选取具有代表性的果蔬，如苹果、酥梨、芒果、茄子等进行常规力学特性试验，测定果皮的拉伸、撕裂、剪切、穿刺等力学性能指标（具体为拉伸弹性模量、抗拉强度、撕裂强度、剪切强度、穿刺强度及拉伸应力应变曲线、撕裂载荷位移曲线、剪切载荷位移曲线、穿刺载荷位移曲线等）。从研究对象和试验方法上进行创新，探究不同品种果皮同一部位及同一品种果皮不同部位间各力学性质指标的差异及果皮在贮藏期间拉伸力学性质的变化趋势；建立果皮拉伸应力应变曲线的回归模型，分析果皮化学组分含量对拉伸力学特性及穿刺特性的影响，剖析果皮穿刺质地对果实硬度贡献率，构建果皮穿刺强度与压头直径的线性回归模型，分析果皮 P2 和 P5 探头 TPA 穿刺力学特性，并结合试验现象讨论解释果皮拉伸破坏的宏观原因，旨在为果蔬采摘、加工、贮运等相关机械装备的设计提供有效的实测方法。

(2) 果蔬果皮流变力学性质研究

试验研究苹果、酥梨、芒果、茄子等果皮的流变力学性质。通过五元件的麦克斯韦模型获得果皮应力松弛特性的拟合参数，得到不同品种果皮的松弛模量函数；采用四元件伯格斯模型获得果皮蠕变特性参数。分析相同加载速度下果皮松弛初始应力、残余应力和应变保持的差异及果皮蠕变初始应变、应力保持、蠕变量的差异；剖析不同加载速度下同种果皮应力松弛参数的变化；通过主成分分析对不同品种果皮质地进行评价，研究果皮弹性因子和黏性因子的贡献率；为不同品种苹果表面碎裂损伤及果皮质地的评价提供理论支持。

(3) 果蔬果皮微观组织结构观测

通过扫描电镜和光学显微镜观测鲜果及贮藏期果皮表面上的微裂纹、果皮角质层的厚度及分布状态、表皮细胞的形状大小、下皮层细胞的层数、果点的形状；应用细观力学理论分析果皮组织结构的拉伸细观力学机理、撕裂细观力学机理、剪切细观力学机理、穿刺细观力学机理、应力松弛细观力学机理、蠕变细观力学机理，定性定量研究果皮微观结构与宏观力学的关系，分析果皮上微裂纹的存在及其数量，表皮细胞的形状、大小、排列方式及长宽比，表皮细胞之间的间距、角质层与表皮细胞的结合方式、微裂纹的数量及宽度、微裂纹的分布状态对果皮力学特性的影响，为苹果品种优种优育提供理论支持。

（4）果蔬果皮微观组织结构变位仿真分析

通过徒手切片试验方法，并结合光学显微镜，获得果皮细胞的几何特征；运用格林公式得到表皮细胞平面域的面积、重心及周长，通过惯性矩和最小二乘椭圆拟合得到细胞的纵横比和定位方向；采用 MatlAB 软件的图像处理程序在细观尺度上测量表皮细胞的特征几何参数，使得表皮细胞的面积及纵横比、细胞的定位方向等均数字化，并检验果皮表皮细胞几何参数的分布特征；使用重心 Voronoi 方法仿真果皮表皮微观组织结构，定性定量地表征和解析表皮细胞微观形态；为直观地反映不同品种果皮微观组织结构的差异提供虚拟几何模型。运用 Solidworks 软件构建果皮穿刺三维模型，基于果皮 Voronoi 模型，采用 Abaqus 模型的网格划分，构建果皮穿刺模拟试验。

（5）果蔬不同组织贮运品质生物力学评价

选取苹果为研究对象，采用专家调研法，依据评价指标具有的可测性、可操作性、代表性、指标宜少不宜多的贮运原则，构建苹果果皮、果肉、果核组织贮运品质评价指标体系，运用德尔菲法和层次分析法定性定量分析苹果不同组织各生物力学指标抵抗贮运损伤的重要程度；基于判断矩阵和一致性检验，客观、科学地获得各生物力学指标的权重系数，实现对苹果不同组织贮运品质的评价。

第2章　果蔬果皮拉伸力学性质研究

2.1　概述

果蔬果皮作为果实的最外层保护和保鲜组织，由角蜡层、表皮层和皮下组织层构成。果皮是构成果实生命有机体的重要成分，具有多种生理功能，其中许多功能的实现都有赖于其生物力学性质。果皮生物力学测试试验对于了解和掌握果皮的生理功能、正确评估果实的新鲜度具有重要的意义；同时果蔬果皮的生物力学性质是其果实物理特性的重要组成部分，为建立果皮生物力学性质与其微观结构的关系，需对果蔬的果皮开展生物力学性质的试验。果蔬果皮拉伸力学性质是影响果品机械收获的重要因素之一，可作为收获机械设计、改进等的重要依据，果皮的拉伸强度、弹性模量等越大，说明材料抵抗外界载荷作用的能力越强。近年来，国内外对果蔬果皮拉伸力学特性试验研究主要集中在番茄、葡萄、橙子等果皮和果肉易于分离的果实，而对于果皮和果肉不易分离的果蔬，如苹果、梨等力学性质的研究主要是对其整果及果肉进行压缩、穿刺、应力松弛、蠕变特性、冲击等方面的试验。Hetzronia 等选用不同品种的番茄果皮进行拉伸，拉伸获得了果皮的力-位移曲线、抗拉强度及弹性模量，对试验数据进行方差分析表明，抗拉强度及弹性模量低的品种较适合工业加工；Amots 等和 Allende 等对番茄皮的研究表明，果皮的机械性能决定了整果加工及贮藏方面的经济价值；Krishna 等对采摘后橘子皮进行拉伸试验，结果表明，不论在哪种贮存环境下果皮拉伸时的断裂力、抗拉强度、弹性模量均随贮藏时间的延长而呈下降趋势；王荣等对葡萄皮和番茄皮进行了拉伸试验，获得葡萄皮和番茄皮的弹性模量、破坏强度，指出葡萄皮和番茄皮的力学特性指标值对分析机械损伤起着至关重要的作用。Wang 等针对苹果果皮进行了拉伸力学特性试验，发现不同品种果皮的损伤易感性存在差异。

本章对果蔬果皮进行了拉伸性质试验方面的相关研究，通过对果蔬果皮拉伸力学性质指标的测定，为果蔬力学模型的建立提供必要的参考，为果蔬采收、包装、加工、贮存、运输等系统的设计及其加工工艺提供理论依据及为果蔬受到机械损伤的难易程度提供判断依据。

2.2 相同加载速度果皮拉伸特性研究

2.2.1 试验材料及仪器

试验材料为丹霞、红富士和新红星苹果，果实于成熟时从山西省农科院果树研究所购买，并放置在试验室冰箱内，贮藏温度为3～5 ℃。试验选取形状规则、果皮向阳面和向阴面可明显区分、无病虫害和机械损伤的果实。

试验仪器采用微机控制的电子万能试验机（INSTRON-5544，USA），其测量范围为0～2 kN，在试验运行过程中实时动态地显示加载力大小、试样的变形量和试验曲线等，并可实现试验数据的自动采集保存；采用JC010-1型光栅测厚仪（JC010-1，中国上海）测量果皮的厚度，测量范围为0～10 mm，测量精度为0.001 mm；采用数显游标卡尺测量试样拉伸时的原始标距，测量精度为0.01 mm。

2.2.2 试样制作及试验方法

参照GB/T 1040.3—2006《塑料拉伸性能的测定》第3部分——薄膜和薄片的试验条件，分别在苹果向阳面和向阴面沿纵向和横向取样（图2-1a）。取样时用刀片将果皮从果实上取下并置于平整光滑的橡胶垫上，在放大镜观察下轻轻地刮去果皮的果肉部分以确保果皮试样无损伤，然后制成40 mm×15 mm×t mm（t为果皮试样厚度）的长条形试样（图2-1b），在同一部位同一方向果皮的试验样本数均为15。果皮试样厚度t采用光栅测厚仪测量，丹

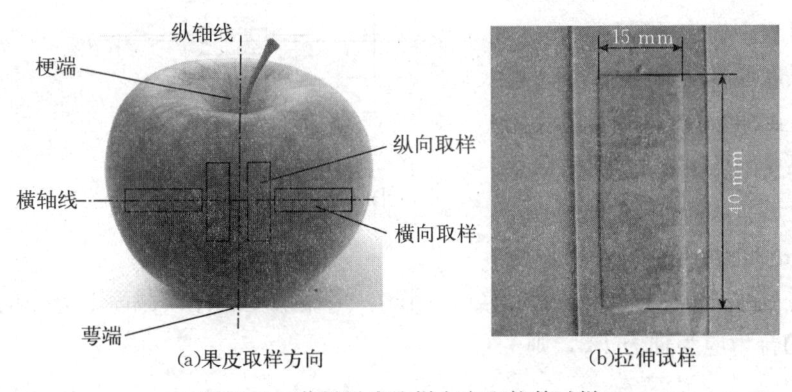

(a)果皮取样方向　(b)拉伸试样

图2-1　苹果果皮取样方向和拉伸试样

霞、红富士和新红星苹果果皮试样的厚度范围分别为 0.210～0.225 mm、0.213～0.224 mm、0.208～0.221 mm。为防止试样水分散失，立即将果皮试样装在试验机夹具上进行试验（图 2-2），拉伸试验的加载速度为 1 mm/min。试样拉伸时的原始标距采用数显游标卡尺测量，丹霞、红富士和新红星果皮试样拉伸时的原始标距范围分别为 9.98～10.05 mm、9.98～10.03 mm、9.98～10.04 mm。

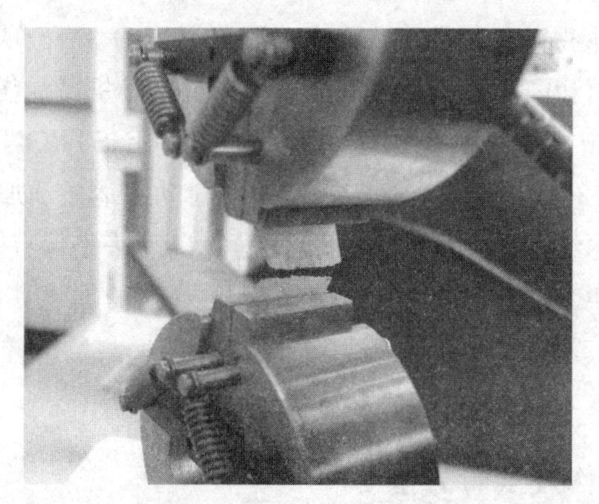

图 2-2　苹果果皮拉伸试验

2.2.3　试验原理

果蔬果皮作为果实的最外层组织，其弹性模量、抗拉强度等力学性质指标在很大程度上决定了果蔬在采收、包装、运输等过程中损伤及破坏的程度。果蔬果皮轴向拉伸时，作用于果蔬果皮试样上的外力合力的作用线与果皮试样的轴线重合，果皮试样变形前垂直于杆轴线的直线 ab 和 cd（图 2-3），在拉伸变形时分别平行地移至 $a'b'$ 和 $c'd'$ 处。因此，果蔬果皮试样横截面上分布的平行力系的合力应为轴力 F_N，则

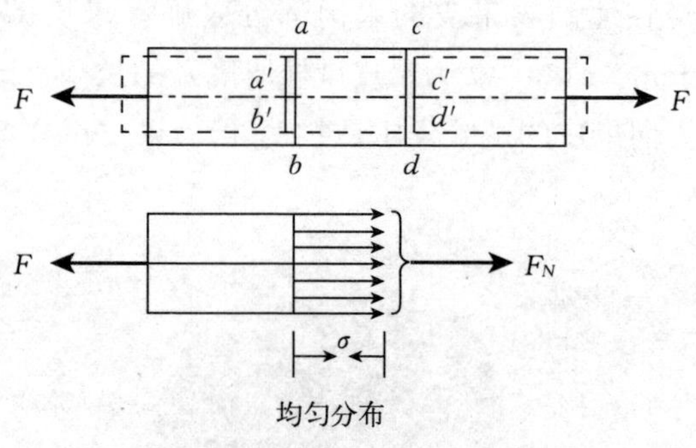

图 2-3　果蔬果皮试样拉伸变形

$$F_N = \int_A \sigma \mathrm{d}A \tag{2-1}$$

式中：σ ——果皮试样横截面上的抗拉强度，MPa；

A——果皮试样的横截面积，m^2。

假设果蔬果皮材料是均匀的，果皮上各点的变形相等和力学性能相同，横截面上各点的抗拉强度 σ 相等，即抗拉强度均匀分布于横截面上，σ 等于常数，则

$$F_N=\sigma\int_A \mathrm{d}A=\sigma A \tag{2-2}$$

$$\sigma=\frac{F_N}{A} \tag{2-3}$$

果蔬果皮试样在轴向拉力的作用下，将引起轴向尺寸的增大和横截面积的缩小。若果蔬果皮试样在轴向拉力 F 的作用下，长度由 l 变为 l_1，则果皮试样在轴向方向的伸长为

$$\Delta l=l_1-l \tag{2-4}$$

果皮试样轴线方向的作用线应变为

$$\varepsilon=\frac{\Delta l}{l} \tag{2-5}$$

又因 $F=F_N$

则
$$\sigma=\frac{F}{A} \tag{2-6}$$

由胡克定律

$$\sigma=E\varepsilon \tag{2-7}$$

将式（2-5）和式（2-6）带入式（2-7）可得果蔬果皮的弹性模量 E 为

$$E=\frac{F\Delta l}{Al} \tag{2-8}$$

2.2.4 试验结果与分析

（1）果皮拉伸应力-应变曲线

如图2-4所示，将试验所得的典型的果皮试样拉伸力-位移曲线转化为拉伸应力-应变曲线。

由图2-4可知，果皮拉伸时的应力与应变为非线性关系，变化呈“S”型曲线，无明显的生物屈服点。拉伸应力-应变曲线大致由两段组成，第一段近似为直线段（*oa* 段），且应变比应力增加速度快。其原因为未拉伸时果皮试样呈微屈曲状态的长条，拉伸初期的应变较大，应力分布不均；果皮组织存在细胞间隙，果皮在拉伸初期组织细胞发生再定位；果皮上的角质层因延展性低于

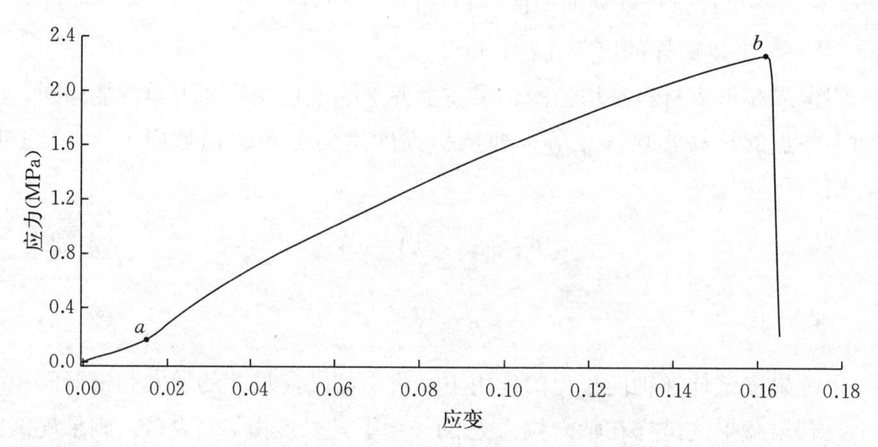

图 2-4 苹果果皮拉伸应力-应变曲线

表皮细胞，因此可能在 a 点首先被拉裂。第二段为曲线，这一阶段果皮试样在受力方向上的弯曲逐渐消失，应力分布趋于均匀，随着应变的逐渐增加，至 b 点时应力达到最大值，果皮试样开始断裂。

同时，从图 2-4 还可以看出果皮试样的拉伸应力达到最大值后并没有迅速变为 0 而是逐渐下降，曲线有较小的延伸，这与在试验过程中观察到的现象一致，即每个测试果皮在断裂时都是从一个果点开始断裂，随后逐渐延伸，具有断裂不同时性，表明果皮上的果点是由幼果表皮的气孔转化而成，虽然在果实发育后期果点内填充木栓化组织，但在拉伸过程中仍是应力比较集中的地方，因此试样的断裂面都经过了数量不等的果点数（图 2-5）。

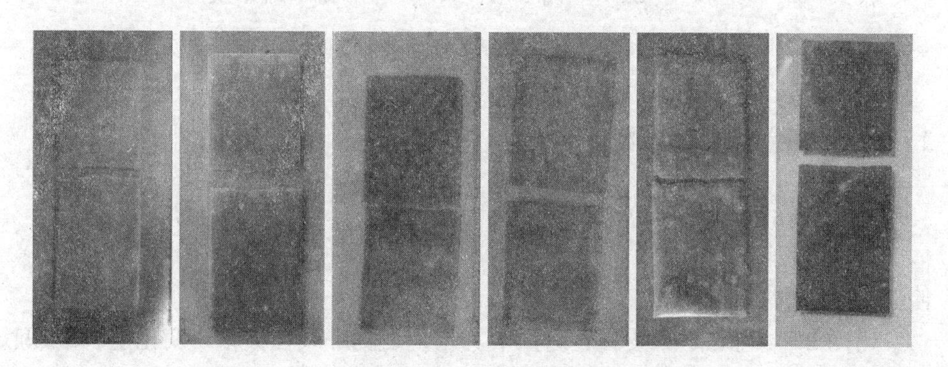

图 2-5 苹果果皮拉伸断裂的部分试样（附彩图）

弹性模量作为衡量果蔬果皮产生弹性变形难易程度的重要指标，可从果皮拉伸应力-应变曲线的最大斜率值获得，其计算式为

$$E=F\Delta l/(A_0 l) \tag{2-9}$$

式中：F——轴向拉伸试样的作用力，N；

A_0——试样的原始横截面积，m^2；

l、Δl——试样拉伸时的原始标距和伸长量，m。

抗拉强度作为果皮损伤或破坏的重要评价指标，可从果皮拉伸应力-应变曲线的 b 点所对应的应力值获得，其计算公式为

$$\sigma=F_\sigma/A_0 \tag{2-10}$$

式中：F_σ——试样断裂时的作用力，N。

（2）不同品种果皮拉伸力学性质的差异

3 种果皮 4 个部位，即向阳面纵向（P1）、向阴面纵向（P2）、向阳面横向（P3）、向阴面横向（P4）拉伸试验获得的最大拉伸载荷、抗拉强度、弹性模量及断裂应变测试数据处理的结果，如表 2－1 所示。

最大拉伸载荷分布规律。由表 2－1 比较苹果果皮各部位的最大拉伸载荷发现，拉伸的品种或部位不同时，果皮的最大拉伸载荷均有差异。同种果皮的最大拉伸载荷均以其向阳面纵向最大；品种不同而部位和方向相同时，果皮最大拉伸载荷的均值均以新红星最大，红富士最小。

抗拉强度分布规律。果皮的抗拉强度可作为果品损伤或破坏的重要评价指标，由表 2－1 比较苹果果皮各部位抗拉强度的均值可知，丹霞的变化范围为 2.05～2.23 MPa，红富士的变化范围为 1.86～2.15 MPa，新红星的变化范围为 2.33～2.56 MPa。同种果皮不同部位及不同种果皮同一部位抗拉强度的均值均不相同，同种果皮不同部位的抗拉强度的均值均以向阳面纵向最大；不同种果皮同一部位的抗拉强度的均值均以新红星果皮最大。

弹性模量的分布规律。弹性模量可表征材料抵抗变形的能力，是衡量材料机械性能的重要指标，可从果皮拉伸应力-应变曲线的最大斜率值获得，由表 2－1比较苹果果皮各部位的弹性模量均值可知，丹霞的变化范围为 17.76～20.27 MPa，红富士的变化范围为 17.79～22.61 MPa，新红星的变化范围为 21.27～24.00 MPa。同种果皮纵向弹性模量的均值高于其横向的弹性模量均值；丹霞和新红星不同部位果皮弹性模量的均值均以向阳面纵向最大，红富士以向阴面纵向最大；不同种果皮同一部位弹性模量的均值均以新红星果皮最大。以上分析表明，苹果果皮拉伸时的弹性模量远大于其果肉拉伸时的弹性模量值，即苹果果皮材料的刚度远大于其果肉的刚度。

断裂应变分布规律。表 2－1 可知，对同种果皮不同部位及不同种果皮相同部位断裂应变的均值分析发现，不同种果皮相同部位及同种果皮不同部位果皮断裂应变的均值均不相同。不同种果皮相同部位断裂应变的均值均以红富士

果皮最小；同种果皮横向断裂应变的均值均大于其纵向断裂应变的均值，表明果皮横向试样的扩展性大于其纵向试样的。

表 2-1　苹果果皮拉伸试验测试值的均值和标准差

品种	部位	最大载荷 (N)	抗拉强度 (MPa)	弹性模量 (MPa)	断裂应变 (%)
丹霞	P1	7.41±0.84	2.23±0.25	20.27±2.62	17.05±4.76
	P2	7.19±1.28	2.13±0.31	18.73±2.13	18.62±3.69
	P3	7.15±1.02	2.10±0.25	17.69±2.49	20.94±4.84
	P4	6.92±1.95	2.05±0.28	17.76±2.09	21.67±5.63
红富士	P1	6.99±0.94	2.15±0.29	19.61±2.22	15.83±2.87
	P2	6.67±0.68	2.06±0.20	22.61±2.95	14.19±3.11
	P3	6.15±0.68	1.90±0.23	18.23±2.26	16.27±2.84
	P4	6.14±0.95	1.86±0.26	17.79±4.00	16.93±4.89
新红星	P1	8.27±0.71	2.56±0.22	24.00±3.95	18.32±2.38
	P2	7.61±0.70	2.33±0.24	23.98±4.32	17.66±2.26
	P3	7.84±0.80	2.39±0.28	21.27±3.92	19.92±4.64
	P4	7.58±0.94	2.35±0.19	21.72±2.85	19.67±2.99

将 3 个品种果皮相同部位的数据采用 SAS 分析软件方差分析，结果表明，对同一品种而言，新红星和红富士果皮纵向试样的抗拉强度和弹性模量与其横向试样的均存在显著性差异（$P \leqslant 0.05$），丹霞果皮纵向试样的弹性模量与其横向试样的存在显著性差异（$P \leqslant 0.05$）。对不同品种而言，新红星向阳面和向阴面果皮纵横向的抗拉强度和弹性模量与红富士及丹霞果皮相对应部位的均存在显著性差异（$P \leqslant 0.05$）；红富士与丹霞苹果向阳面横向试样的抗拉强度存在显著性差异（$P \leqslant 0.05$）；红富士向阳面横向和向阴面纵向的弹性模量与丹霞相对应部位也存在显著性差异（$P \leqslant 0.05$）。

以上分析表明，果皮属于各向异性的非均值材料，新红星果皮抵抗纵向和横向变形的能力强于丹霞和红富士果皮，在采摘、处理、运输等环节中对损伤的易感性低于其他两种果皮，即新红星果皮的拉伸力学性质优于其他两种果皮，同时在设计采收机械时应考虑以向阳面纵向的方向夹持苹果。

2.3　不同加载速度果皮拉伸特性研究

2.3.1　试验方法

试验材料选用成熟期的红富士和丹霞苹果，红富士苹果的纵向和横向直径范围分别为 61.31～67.21 mm、68.59～75.91 mm，丹霞苹果的纵向和横向直径范围分别为 62.27～66.46 mm、67.05～72.33 mm。苹果果皮制成 40 mm×15 mm×t mm（t 为果皮试样厚度）规格的长条形，试样的原始标距采用数显游标卡尺测量为（10.00±0.03）mm，红富士和丹霞果皮试样的厚度范围分别为（0.334±0.050）mm、（0.306±0.043）mm，拉伸试验的加载速度分别为 0.01 mm/s、0.1 mm/s、0.5 mm/s、1 mm/s、1.5 mm/s、2 mm/s、5 mm/s、9 mm/s、13 mm/s、17 mm/s，并在整个试验过程中保持速度不变，每一品种苹果果皮试验的样本数均为 10。

2.3.2 试验结果与分析

（1）不同加载速度果皮拉伸应力-应变曲线

由图 2-6 可知，加载速度小于 5 mm/s 时，果皮拉伸时的应力与应变曲线呈非线性关系，均无明显的生物屈服点，随着加载速度的减小，塑性变形成分逐渐显示出来，应变增加的速率大于应力增加的速率，且加载速度愈小应变增加的速率愈大，峰值过后，应力缓慢下降；在加载速度初始阶段曲线缓慢上升，受拉力变形的曲线与加载速度基本无关，随着拉伸变形量的增大，不同加载速度下的曲线产生分离；不同加载速度下的应力-应变曲线形状具有相似性，表明果皮材料在不同加载速度下具有相同的变形和破坏机理。加载速度大于 5 mm/s时，果皮应力与应变曲线直至峰值近似线性关系，峰值过后，应力迅速跌落，呈脆性变形特征，应力-应变曲线形状具有相似性。这可能是由于果皮属于黏弹性生物材料，在低速加载情况下，加载过程可视为果皮的准静态或静态加载，载荷的作用强度较小，果皮细胞内部能够充分消耗和储存能量，产生黏性流动及弹性应变，抵消外力所做的功，形成相对较大的应变量，因而应力-应变曲线呈现非线性；果皮在微观尺度上都具有一定的非均值性，作为一

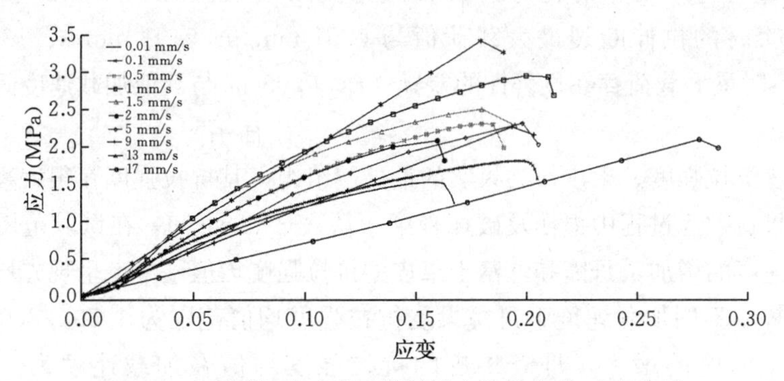

图 2-6 不同加载速度下苹果果皮拉伸应力-应变曲线

种各向异性的生物材料，静态加载能使外力传递到果皮果孔最脆弱的部位，使其首先破坏，试样断裂具有不同时性。随着加载速度的增大，载荷的作用强度逐渐增大，果皮细胞内部的黏性流动来不及发生，主要发生弹性变形，应力-应变曲线表现出近似的线性特征，因加载速度过快，导致弹性变形得不到充分的发展，试样发生脆性断裂。

（2）不同加载速度果皮拉伸力学特性分析

通过拉伸试验测得不同加载速度下果皮材料的拉伸断裂时间、最大拉伸载荷、弹性模量，抗拉强度及断裂应变试验数据处理结果，如表 2-2 所示。

在不同外界载荷的作用下，材料对外界载荷的响应所表现出来的力学行为不同。由表 2-2 可知，同一品种果皮，在试验范围内，随着加载速度的增大，其最大拉伸载荷、抗拉强度、弹性模量、断裂应变均值在增至极限值的过程中基本上出现 2 个及以上峰值，具有波动性。

果皮拉伸断裂最大载荷。由表 2-2 可知，不同加载速度下丹霞果皮拉伸断裂的最大载荷均值范围为 8.12～11.97 N；随着加载速度的增大，丹霞果皮拉伸断裂的最大载荷均值在加载速度为 1 mm/s、5 mm/s、13 mm/s 时出现 3 个峰值，3 个峰值间差异不显著；当加载速度为 1 mm/s 时丹霞果皮拉伸断裂的最大载荷均值增至极限最大值，加载速度为 0.01 mm/s 时拉伸断裂最大载荷为极限最小值；加载速度为 1 mm/s 时的拉伸断裂最大载荷值与 0.01 mm/s、0.1 mm/s、9 mm/s、17 mm/s 时最大载荷值存在显著性的差异（$P \leqslant 0.05$）。不同加载速度下红富士果皮拉伸断裂的最大载荷均值范围为 6.76～10.84 N；随着加载速度的增大，红富士果皮拉伸断裂的最大载荷均值在加载速度为 0.5 mm/s、2 mm/s 时出现 2 个峰值，2 个峰值间差异不显著；当加载速度为 0.5 mm/s 时红富士果皮拉伸断裂最大载荷为极限最大值 10.84 N；加载速度为 17 mm/s 时，拉伸断裂的最大载荷为极限最小值 6.76 N；加载速度为 0.5 mm/s时的拉伸断裂最大载荷值与 0.01 mm/s、0.01 mm/s、13 mm/s、17 mm/s时最大载荷存在显著性的差异（$P \leqslant 0.05$），与其他加载速度间的差异不显著。

果皮抗拉强度。果皮作为果实的最外层组织，其抗拉强度在很大程度上决定了苹果在贮运过程中损伤及破坏程度。从表 2-2 可知，在试验范围内，随着加载速度的增加，丹霞和红富士果皮的抗拉强度均值基本上呈现先增大后减小的趋势。不同加载速度下丹霞果皮抗拉强度均值范围为 1.70～3.03 MPa；随着加载速度的增大，丹霞果皮的抗拉强度均值在加载速度为 1 mm/s、5 mm/s、13 mm/s 时出现 3 个峰值；当加载速度为 13 mm/s 时丹霞果皮抗拉

表 2-2　不同加载速度下苹果果皮拉伸试验测试值均值及标准差

加载速度 (mm/s)	断裂时间（s）		最大载荷（N）		抗拉强度（MPa）		弹性模量（MPa）		断裂应变（%）	
	丹霞	红富士	丹霞	红富士	丹霞	红富士	丹霞	红富士	丹霞	红富士
0.01	(161.92±34.86) aA	(126.94±46.97) aA	(8.12±1.35) dA	(7.67±2.86) bcA	(1.70±0.18) dA	(1.57±0.45) bA	(17.35±4.24) bcA	(18.02±3.39) edA	(16.19±3.49) bA	(12.70±4.69) aA
0.1	(17.24±2.29) bA	(9.91±1.87) bB	(8.86±1.16) cdA	(7.72±1.35) bcA	(1.84±0.20) cdB	(2.26±0.29) aA	(16.46±1.60) cB	(35.81±8.48) aB	(17.25±2.29) abA	(11.90±3.23) aB
0.5	(3.85±0.81) cA	(2.25±0.35) bB	(10.19±1.58) abcA	(10.84±2.0) aA	(2.14±0.34) bcA	(2.03±0.46) abA	(16.87±2.19) cB	(28.83±7.52) bA	(19.25±4.07) abA	(11.25±1.74) aB
1	(2.12±0.43) cA	(1.12±0.27) bB	(11.97±0.93) aA	(9.37±1.37) abB	(2.51±0.25) bA	(1.77±0.26) abB	(21.16±3.68) aA	(24.89±5.41) cbA	(21.10±4.84) abA	(11.20±2.66) aB
1.5	(1.45±0.23) cA	(0.72±0.23) bB	(11.96±0.80) aA	(9.23±2.81) abcB	(2.50±0.23) bA	(1.84±0.49) abB	(20.55±2.50) abA	(23.06±4.82) cA	(21.55±3.23) aA	(10.78±3.39) aB
2	(0.875±0.142) cA	(0.58±0.24) bB	(10.84±2.02) abcA	(10.51±3.13) aA	(2.30±0.43) bA	(2.02±0.74) abA	(22.74±3.77) aA	(22.36±5.16) cdA	(17.80±2.83) abA	(11.59±3.83) aB
5	(0.370±0.07) cA	(0.27±0.06) bB	(11.23±1.77) abA	(9.63±2.35) abA	(2.47±0.32) bA	(1.80±0.48) abB	(16.48±2.38) cA	(16.46±4.00) eA	(18.50±3.17) abA	(12.93±3.19) aB
9	(0.225±0.09) cA	(0.15±0.04) bB	(9.87±2.84) bcdA	(8.82±3.14) abcA	(2.38±0.82) bA	(1.75±0.64) abA	(16.17±4.71) cA	(15.25±1.38) eB	(18.86±6.22) abA	(12.05±3.80) aB
13	(0.17±0.05) cA	(0.10±0.02) bB	(11.76±2.40) aA	(7.66±2.80) bcB	(3.03±0.58) aA	(1.56±0.45) bB	(16.47±3.08) cA	(13.94±3.84) eA	(20.39±6.53) abA	(11.20±3.38) aB
17	(0.13±0.04) cA	(0.22±0.03) bA	(8.81±2.21) cdA	(6.76±2.67) cA	(2.09±0.63) bcdA	(1.62±0.54) bA	(11.49±3.51) dA	(14.18±4.55) eA	(19.82±7.04) abA	(11.05±2.47) aB

注：不同小写字母表示同一品种不同加载速度差异显著（$P \leqslant 0.05$）；不同大写字母表示不同品种相同加载速度差异显著（$P \leqslant 0.01$）。

强度均值增至极限最大值；加载速度为 0.01 mm/s 时抗拉强度均值为极限最小值；加载速度为 13 mm/s 时的抗拉强度值与其他加载速度下的抗拉强度间均存在显著性差异（$P \leqslant 0.05$）；加载速度为 0.01 mm/s 时的抗拉强度与 0.1 mm/s、17 mm/s 时的抗拉强度差异不显著，与其他加载速度间的抗拉强度均存在显著性的差异（$P \leqslant 0.05$）。不同加载速度下红富士果皮抗拉强度均值范围为1.56～2.26 MPa；在加载速度为 0.1 mm/s 时红富士果皮的抗拉强度达到第一个峰值 2.26 MPa，即为极限最大值，随后逐渐减小，在加载速度为 2 mm/s 时达到第二个峰值 2.02 MPa，在加载速度为 13 mm/s 时抗拉强度达到极限最小值 1.56 MPa；加载速度为 0.1 mm/s 时的抗拉强度与 0.01 mm/s、13 mm/s、17 mm/s时抗拉强度均存在显著性的差异（$P \leqslant 0.05$），与其他加载速度间是差异不显著。

果皮弹性模量。果皮的弹性模量可表征材料抵抗变形的能力，是衡量材料机械性能的重要指标，可从果皮拉伸应力-应变曲线的最大斜率值获得。从表 2-2 可知，不同加载速度下苹果果皮弹性模量均值基本上呈现先增大后减小的趋势；在试验范围内，丹霞果皮弹性模量均值范围为 11.49～22.74 MPa，红富士果皮弹性模量均值范围为 13.94～35.81 MPa。随着加载速度的增大，丹霞果皮弹性模量均值在加载速度为 0.01 mm/s、1 mm/s、2 mm/s、13 mm/s 时出现 4 个峰值；当加载速度为 2 mm/s 时丹霞果皮弹性模量均值增至极限最大值，加载速度为 17 mm/s 时弹性模量均值为极限最小值；加载速度为 1 mm/s、1.5 mm/s、2 mm/s时果皮的弹性模量差异不显著，但与 0.1 mm/s、0.5 mm/s、5 mm/s、9 mm/s、13 mm/s、17 mm/s 时弹性模量值均存在显著性的差异（$P \leqslant 0.05$）。随着加载速度的增加，当加载速度为 0.1 mm/s时红富士果皮弹性模量均值为极限最大值 35.81 MPa，加载速度为 13 mm/s 时弹性模量均值为极限最小值 13.94 MPa；当加载速度为 0.1 mm/s 时的弹性模量值其他加载速度时弹性模量值均存在显著性的差异（$P \leqslant 0.05$），加载速度为 5 mm/s、9 mm/s、13 mm/s、17 mm/s 时果皮的弹性模量值的差异不显著。

果皮断裂应变。由表 2-2 可知，随着加载速度的增大，丹霞和红富士果皮断裂应变均值的变化比较平缓。丹霞果皮当加载速度为 1.5 mm/s 时断裂应变达到最大为 21.55%，加载速度为 0.01 mm/s 时断裂应变值最小为 16.19%，除最大断裂应变与最小断裂应变的存在显著差异（$P \leqslant 0.05$），其他差异均不显著。当加载速度为 5 mm/s 时红富士果皮断裂应变达到最大为 12.93%，加载速度为 1.5 mm/s 时断裂应变最小为 10.78%，不同加载速度间的断裂应变差异均不显著。

果皮断裂所需时间。由表 2－2 还可以看出，果皮在不同加载速度下拉伸断裂的时间随加载速度的增加而成倍数地减小。丹霞和红富士果皮拉伸断裂时间在 0.01 mm/s 加载速度时均达到最大，分别为 161.92 s 和 126.94 s，在加载速度为 17 mm/s 时丹霞果皮拉伸断裂时间为最短 0.13 s，当加载速度为 13 mm/s时红富士果皮拉伸断裂时间为最短0.10 s；丹霞和红富士果皮拉伸断裂时间在加载速度为 0.01 mm/s 时与其他加载速度下的拉伸断裂时间均存在显著性差异（$P \leqslant 0.05$）。

不同品种间果皮拉伸力学特性差异。由表 2－2 可知，在相同加载速度下，除了在 0.1 mm/s 外，丹霞果皮的抗拉强度均值均大于红富士果皮的抗拉强度均值；在 0.1 mm/s、1 mm/s、1.5 mm/s、5 mm/s、13 mm/s 两种果皮抗拉强度差异显著（$P \leqslant 0.05$），其余不显著。当加载速度为 0.01～1.5 mm/s 时，丹霞果皮的弹性模量均值均小于红富士果皮的；当加载速度为 2～13 mm/s 时丹霞果皮的弹性模量均值均大于红富士果皮的；当加载速度增至 17 mm/s 时丹霞果皮的弹性模量值小于红富士果皮的；在加载速度为 0.5 mm/s 和 9 mm/s 时丹霞和红富士果皮的弹性模量差异存在显著性（$P \leqslant 0.05$），其他加载速度下均不显著。随着加载速度的增大，丹霞和红富士果皮断裂应变的变化均比较平缓，在相同加载速度下，丹霞果皮的断裂应变均值均大于红富士果皮的，两种果皮的断裂应变除了在 0.01 mm/s 差异不显著外，其他差异均显著。

由表 2－2 可知，不同加载速度下丹霞苹果果皮试样的抗拉强度、弹性模量、断裂应变标准差与其均值比值的变化范围分别为 9.20%～34.45%、9.72%～30.55%、13.28%～35.52%；红富士苹果果皮比值的变化范围分别为 12.83%～36.63%、9.02%～32.09%、15.47%～36.93%；表明苹果果皮作为活的生物体，同一品种及不同品种试样的组织结构间均存在差异，致使其力学特性参数的离散程度相对较大。

以上分析表明，苹果果皮的拉伸力学特性参数对加载速度的变化具有敏感性；同一品种果皮，在试验范围内，随着加载速度的增大，其抗拉强度、弹性模量基本上呈现先增大后降低的趋势，加载速度对果皮力学特性的影响明显；不同品种苹果对加载速度变化的敏感程度不同；丹霞果皮保护能力（果实在自然生长过程中的开裂、裂纹、撕裂损伤及采摘、贮运过程中的擦伤、穿孔等机械损伤）高于红富士苹果果皮。

（3）不同加载速度果皮拉伸力学特性参数的增长幅度

表 2－3 为不同加载速度苹果果皮拉伸特性参数增长幅度。由表 2－3 可

知，加载速度为在0.01～0.1 mm/s时，红富士抗拉强度和弹性模量随着低加载速度的增加增长幅度最大，增幅分别在43.95%和98.72%，丹霞果皮的增幅较小，增幅分别为8.24%和－5.13%；当加载速度为0.5～1 mm/s时，丹霞果皮抗拉强度和弹性模量增长幅度分别为17.29%和25.43%，红富士果皮的增幅分别为－12.81%和－13.67%，其原因可能是丹霞果皮横截面微观组织结构中表皮细胞呈圆形或椭圆形，其表皮细胞的变形程度大于红富士果皮长条形的表皮细胞，因而丹霞果皮力学特性参数对低加载速度变化的响应滞后；同时也反映出红富士果皮对外界环境条件的改变比较敏感；丹霞果皮对低加载速度的响应相对缓慢。加载速度（1.5～9 mm/s）下果皮抗拉强度和弹性模量的增长幅度相对较低或为负值，表明高加载速度的变化对果皮变形量的改变不明显。

表2-3　不同加载速度苹果果皮拉伸特性参数增长幅度

加载速度（mm/s）	抗拉强度增长幅度（%）		弹性模量增长幅度（%）	
	丹霞	红富士	丹霞	红富士
0.01～0.1	8.24	43.95	－5.13	98.72
0.1～0.5	16.30	－10.18	2.49	－19.49
0.5～1	17.29	－12.81	25.43	－13.67
1～1.5	－0.40	3.95	－2.88	－7.35
1.5～2	－8.00	9.78	10.66	－3.04
2～5	7.39	－10.89	－27.53	－26.39
5～9	－3.64	－2.78	－1.88	－7.35
9～13	27.31	－10.86	1.86	－8.59
13～17	－31.02	3.85	－30.24	1.72

（4）加载速度对果皮拉伸特性参数的影响率

针对同一品种苹果在不同加载速度下的果皮拉伸力学特性参数进行差异性分析，设定具有显著性差异的情况与所有情况的比值结果作为加载速度对果皮力学特性参数的影响率，不同加载速度对苹果皮拉伸力学特性参数的影响率如图2-7所示。由图2-7可知，不同加载速度对丹霞和红富士果皮弹性模量的影响率较大，其影响率分别为0.578和0.556，表明在低加载速度下，果皮在加载过程中受到的冲击较小，外界对果皮施加的作用力相当于静态或准静态，使得果皮内部能及时地产生黏性流动来响应外界载荷的作用，果皮抵抗变形的能力相对较强；随着加载速度的增大，果皮在加载过程中受到的冲击作用逐渐增大，使得果皮内部的黏性流动来不及发生，果皮发生脆性断裂，致使果皮抵抗变形的能力降低；同时也反映出果皮具有黏弹性属性。由图 2-7 还可知，不同加载速度对丹霞果皮抗拉强度的影响远远大于对红富士果皮抗拉强度的影响，表明丹霞品种果皮力学特性更易受到不同加载速度的影响而变化，其组织结合方式更易抵抗加载速度的变化而导致采摘、贮运过程中的擦伤、穿孔以及生长过程中的开裂、裂纹、撕裂；由丹霞和红富士果皮组织横截面微观结构也可知，红富士果皮角质层均匀一致，表皮细胞排列整齐紧凑，组织结合紧密，组织间相对滑动较弱，因此抵抗加载速度变化的能力较弱。

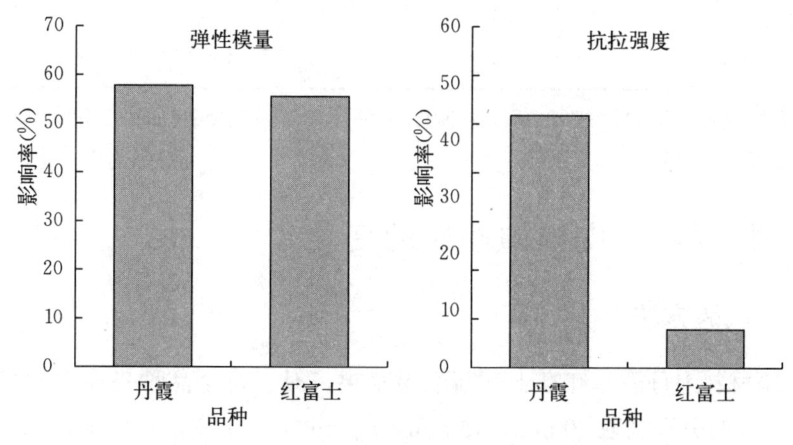

图 2-7　不同加载速度对苹果皮拉伸力学特性参数的影响率

（5）加载速度与果皮力学特性参数的相关性

为了获得加载速度与果皮抗拉强度、弹性模量的关系，利用最小二乘法拟合加载速度与果皮抗拉强度、弹性模量间的回归模型，期望通过加载速度的变化预测果皮抗拉强度、弹性模量的变化趋势。力学特性参数的回归方程如表 2-4 所示。

由表 2-4 可知，对加载速度、抗拉强度、弹性模量试验值分别取自然对数后，采用三阶多项式获得丹霞果皮弹性模量 E_{dx}、红富士果皮弹性模量 E_{fs} 与加载速度 v 的拟合多项式，拟合多项式的决定系数分别为 $R^2=0.766$ 和 $R^2=0.993$；采用四阶多项式对红富士果皮抗拉强度 σ_{fs} 与加载速度 v 的关系进行拟合，$R^2=0.867$，对加载速度和丹霞果皮抗拉强度值分别取导数后，采用三阶多项式对丹霞果皮抗拉强度 σ_{dx} 与加载速度 v 的关系进行拟合，拟合多项式的决定系数 $R^2=0.744$；由表 2-4 还可知，果皮抗拉强度、弹性模量的拟合误差值均低于千分之十，因此拟合的多项式曲线能够较好地描述加载速度与果皮抗拉强度、弹性模量的非线性关系。

表 2-4 力学特性参数的回归方程

参数		回归方程	R^2	拟合误差
抗拉强度	丹霞	$\frac{1}{\sigma_{dx}}=0.000\,01\left(\frac{1}{v}\right)^3-0.001\,24\left(\frac{1}{v}\right)^2+0.025\,48\frac{1}{v}+0.402\,88$	0.744	0.008 75
	红富士	$\ln\sigma_{fs}=-0.002\,47\ (\ln v)^4-0.003\,17\ (\ln v)^3+0.019\,36\ (\ln v)^2-0.042\,94\ln v+0.643\,2$	0.867	0.000 89
弹性模量	丹霞	$\ln E_{dx}=-0.011\,52\ (\ln v)^3-0.047\,03\ (\ln v)^2+0.059\,19\ln v+3.004\,48$	0.766	0.003 68
	红富士	$\ln E_{fs}=0.011\,06\ (\ln v)^3-0.018\,71\ (\ln v)^2-0.247\,19\ln v+3.231\,29$	0.993	0.000 24

注：表中变量 σ_{dx}，σ_{fs} 分别为丹霞和红富士果皮的抗拉强度；E_{dx}，E_{fs} 分别为丹霞和红富士果皮的弹性模量；v 为加载速度，R^2 为决定系数。

2.4 贮藏期果皮拉伸性质的变化

2.4.1 试验方法

试验材料为丹霞、红富士和新红星苹果，对于每个品种果皮在贮藏 0 d、14 d、28 d 时分别制取 40 mm×15 mm×t mm（t 为果皮试样厚度）规格的长条形试样进行拉伸试验，果皮向阳面和向阴面纵横向的样本数均为 6。3 种苹果向阳面和向阴面果皮在贮藏 0 d、14 d、28 d 纵横向拉伸试验得到的拉伸应力-应变曲线如图 2-4 所示。

2.4.2 果皮拉伸应力-应变曲线回归模型的建立与分析

回归分析是研究一个或多个随机变量（称因变量）y_1，y_2，…，y_n 与另一些（称自变量）x_1，x_2，…，x_n 关系的统计方法。主要是用最小二乘拟合因变量与自变量间的回归模型，从而把具有不确定关系的若干变量转化为有确定关系的方程模型来近似地分析，并通过自变量的变化来预测因变量的变化趋势。最小二乘法（又称最小平方法）是一种数学优化技术。它通过最小化误差的平方和寻找数据的最佳函数匹配。数据拟合的方法如下：对给定试验数据（x_i，y_i）（i=0，1，2，…，n），选择函数 φ（x），使得它在 x_i 处的函数值 $\varphi(x_i)$（i=0，1，2，…，n）与测量数据 y_i（i=0，1，2，…，n）相差都最小，使偏差

$$r_i=\varphi(x_i)-y_i,\ i=0,1,2,\cdots,n \tag{2-11}$$

的平方和

$$\sum_{i=1}^{n} r_i^2 = \sum_{i=1}^{n} [\phi(x_i) - y_i]^2 \qquad (2-12)$$

为最小，从而保证每个偏差的绝对值很小。

材料的弹性模量可通过材料的应力-应变关系来表征。果皮作为软生物组织，与常用金属材料相比，其应力-应变关系不服从胡克定律，是非线性的关系，在论述果皮材料的弹性模量时应该说明其对应载荷和应变的大小。王荣等在研究葡萄皮和番茄皮拉伸力学性质时获得拉伸曲线都呈非线性，大致形状为S形，并通过一元三次多项式拟合了葡萄皮和番茄皮的拉伸应力-应变曲线。

对贮藏0 d的3种果皮向阳面和向阴面纵横向的拉伸应力-应变曲线采用了3次多项式拟合。图2-8、图2-9、图2-10为3种果皮向阳面和向阴面纵横向拉伸应力-应变多项式的拟合曲线。3次拟合多项式为

$$\sigma = \alpha_1 \varepsilon^3 + \alpha_2 \varepsilon^2 + \alpha_3 \varepsilon \qquad (2-13)$$

式中：σ ——拉伸应力，MPa；

α ——拟合多项式系数；

ε ——拉伸应变。

通过拟合的3次多项式可获得果皮的弹性模量E为

$$E = d\sigma / d\varepsilon = 3\alpha_1 \varepsilon^2 + 2\alpha_2 \varepsilon + \alpha_3 \qquad (2-14)$$

利用式（2-14）在已知变形值时，即可求出对应点的弹性模量值。

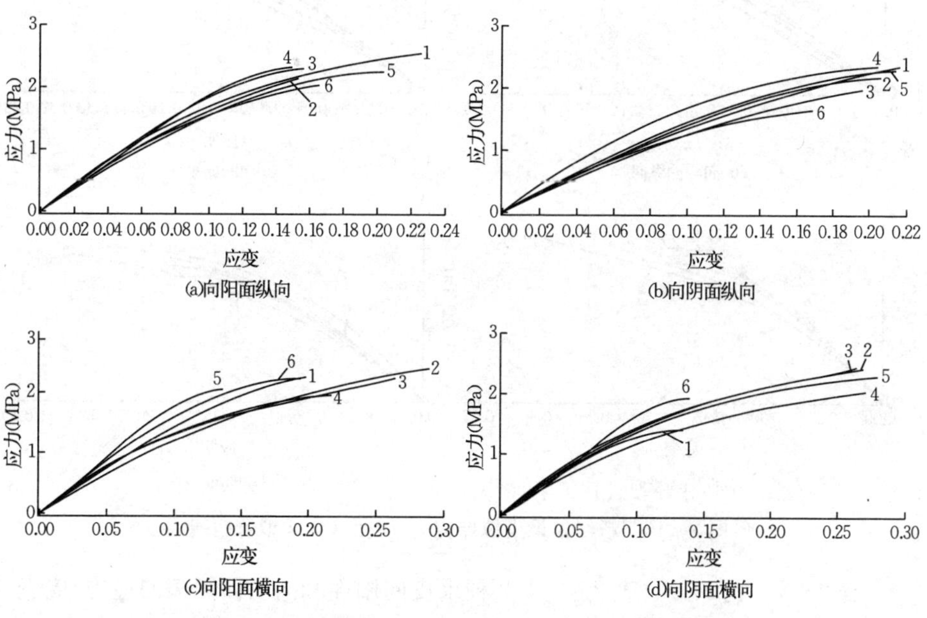

图2-8　丹霞果皮拉伸应力-应变多项式拟合曲线

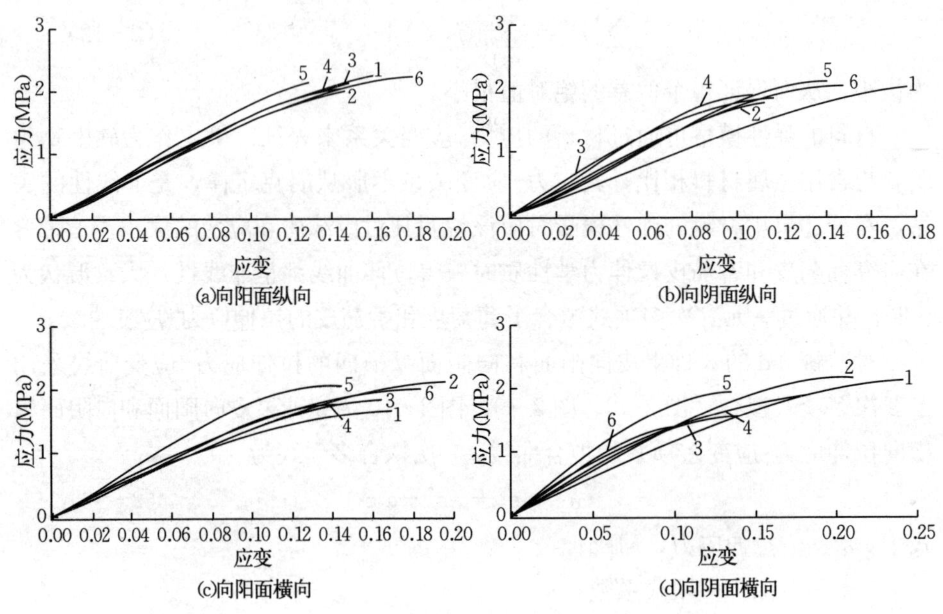

图 2-9 红富士果皮拉伸应力-应变多项式拟合曲线

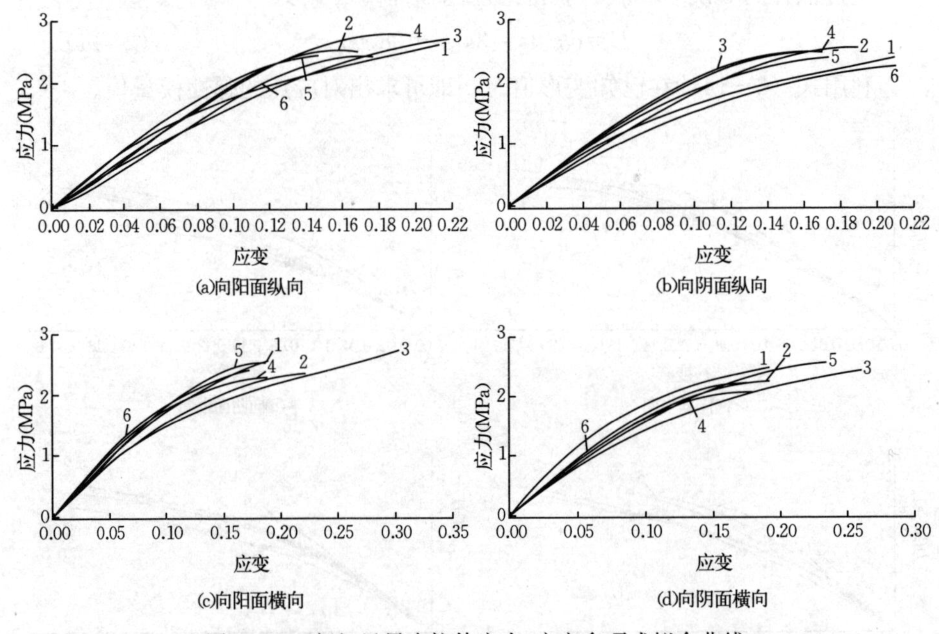

图 2-10 新红星果皮拉伸应力-应变多项式拟合曲线

表 2-5、表 2-6、表 2-7 为 3 种果皮向阳面和向阴面纵横向应力-应变 3 次拟合曲线的系数及拟合误差，对于不同的试样其拟合出的系数各不相同，从

3 种果皮拉伸应力的拟合误差 k 值均低于百分之一可知，拟合的 3 次多项式曲线能够较好地描述 3 种果皮拉伸时的非线性关系。

表 2-5　丹霞果皮拉伸 3 次拟合曲线各项系数及拟合误差

试样编号		α_1	α_2	α_3	σ	σ^*	ε	k
向阳面纵向	1	89.35	−74.29	23.51	2.55	2.55	0.23	0.002 3
	2	−11.62	39.07	20.25	2.13	2.14	0.15	0.001 8
	3	−279.25	5.89	20.65	2.33	2.31	0.16	0.003 3
	4	−558.44	75.00	16.79	2.35	2.32	0.15	0.004 0
	5	−89.59	−15.35	17.92	2.28	2.26	0.20	0.003 7
	6	19.60	−54.06	20.76	2.04	2.05	0.16	0.000 8
向阴面纵向	1	10.35	−26.95	16.40	2.39	2.39	0.22	0.002 3
	2	−111.58	0.09	15.49	2.25	2.22	0.21	0.005 2
	3	−12.38	−22.47	15.16	2.01	2.02	0.20	0.000 9
	4	40.15	−64.42	23.22	2.43	2.40	0.20	0.004 5
	5	−47.70	−19.34	17.26	2.36	2.34	0.21	0.002 9
	6	−5.48	−40.26	16.96	1.68	1.69	0.17	0.000 4
向阳面横向	1	−105.56	1.93	15.14	2.27	2.25	0.20	0.004 4
	2	11.71	−24.42	14.38	2.40	2.40	0.29	0.002 5
	3	104.98	−66.50	18.72	2.20	2.24	0.26	0.003 3
	4	26.20	−43.99	17.36	1.97	1.96	0.22	0.004 2
	5	−686.76	87.78	15.86	2.09	2.05	0.15	0.004 8
	6	−127.39	−10.62	18.37	2.28	2.23	0.19	0.006 1
向阴面横向	1	−274.27	−6.58	16.34	1.45	1.41	0.13	0.006 0
	2	59.48	−52.67	18.83	2.41	2.41	0.27	0.002 8
	3	102.16	−69.53	20.43	2.39	2.43	0.26	0.001 0
	4	44.15	−40.99	15.38	2.04	2.04	0.28	0.004 1
	5	47.44	−48.65	18.07	2.30	2.29	0.27	0.006 0
	6	−894.14	149.04	10.48	1.97	1.94	0.14	0.004 1

注：表中 α_1、α_2、α_3 为拟合系数，$k=\sum(\sigma^*-\sigma)/\sum\sigma$ 为相对误差，σ、σ^* 分别为抗拉强度试验值和拟合值，ε 为延伸率。表 2-6 和表 2-7 同。

表 2-6　红富士果皮拉伸 3 次拟合曲线各项系数及拟合误差

试样编号		α_1	α_2	α_3	σ	σ^*	ε	k
向阳面纵向	1	−187.75	16.19	16.25	2.26	2.25	0.16	0.003 6
	2	−431.26	70.93	12.46	2.02	1.99	0.15	0.004 9
	3	−356.11	51.41	14.53	2.13	2.12	0.15	0.003 8
	4	−723.65	132.58	10.01	2.06	2.03	0.14	0.004 0
	5	−580.22	85.76	15.17	2.15	2.13	0.13	0.004 0
	6	−309.77	51.90	13.11	2.29	2.24	0.18	0.004 7
向阴面纵向	1	−241.27	41.32	11.67	2.05	2.02	0.17	0.004 1
	2	−1 103.13	149.35	12.99	1.81	1.78	0.11	0.003 6
	3	−439.42	−18.74	23.98	1.87	1.85	0.12	0.002 5
	4	−1 509.79	168.90	116.93	1.95	1.90	0.11	0.004 7
	5	−969.40	163.02	11.27	2.17	2.11	0.14	0.004 7
	6	−479.31	48.54	17.11	2.10	2.04	0.15	0.006 3
向阳面横向	1	−102.96	−16.78	15.56	1.69	1.65	0.17	0.005 1
	2	−187.43	24.58	13.22	2.19	2.12	0.20	0.006 4
	3	−325.30	46.27	12.33	1.88	1.83	0.16	0.005 3
	4	−679.10	108.24	10.75	1.81	1.77	0.14	0.004 7
	5	−686.56	83.14	16.52	2.13	2.05	0.14	0.007 1
	6	−153.34	−0.54	16.20	2.05	2.01	0.18	0.006 3
向阴面横向	1	−403.67	32.74	14.40	1.59	1.55	0.14	0.004 8
	2	−185.14	24.98	13.23	2.25	2.16	0.21	0.008 2
	3	−78.29	6.80	11.72	2.17	2.12	0.24	0.006 4
	4	86.34	−66.81	19.71	1.91	1.91	0.14	0.002 9
	5	−353.51	−4.84	21.46	1.98	1.94	0.19	0.006 6
	6	−890.09	66.80	16.19	1.43	1.41	0.10	0.001 7

表 2-7　新红星果皮拉伸 3 次拟合曲线各项系数及拟合误差

试样编号		α_1	α_2	α_3	σ	σ^*	ε	k
向阳面纵向	1	202.36	−111.45	26.83	2.59	2.61	0.21	0.001 4
	2	−671.81	109.12	15.54	2.61	2.50	0.17	0.007 4
	3	−70.20	−10.53	18.01	2.75	2.70	0.22	0.004 5
	4	−344.90	47.05	18.12	2.86	2.76	0.20	0.006 8
	5	−570.39	111.27	11.89	2.53	2.43	0.18	0.005 8
	6	−351.46	5.10	23.48	2.50	2.45	0.15	0.005 3
向阴面纵向	1	181.38	−101.02	24.55	2.35	2.38	0.21	0.003 2
	2	−228.61	13.34	19.04	2.62	2.53	0.19	0.007 7
	3	−261.75	−14.00	24.37	2.54	2.47	0.16	0.006 9
	4	−270.99	−4.36	23.07	2.54	2.46	0.17	0.008 0
	5	−23.00	−58.99	24.67	2.41	2.38	0.17	0.006 0
	6	7.16	−42.77	19.32	2.27	2.24	0.21	0.006 7
向阳面横向	1	−17.30	−35.36	20.80	2.58	2.55	0.19	0.005 0
	2	−16.89	−33.14	18.77	2.38	2.35	0.22	0.014 0
	3	91.63	−65.55	20.44	2.68	2.72	0.30	0.001 7
	4	0.42	−61.41	23.66	2.34	2.28	0.19	0.008 5
	5	−285.44	29.49	17.96	2.59	2.52	0.19	0.006 9
	6	34.02	−75.67	24.77	2.17	2.20	0.17	0.004 1
向阴面横向	1	184.00	−116.48	28.48	2.47	2.48	0.19	0.005 2
	2	−82.99	19.73	19.73	2.30	2.25	0.19	0.007 3
	3	52.19	−53.58	18.73	2.18	2.17	0.26	0.007 6
	4	−140.41	−19.44	19.51	2.14	2.07	0.18	0.008 4
	5	−36.39	−29.48	18.53	2.20	2.26	0.23	0.006 4
	6	−185.21	−8.11	19.80	2.29	2.22	0.18	0.007 7

2.4.3 贮藏期果皮拉伸力学性质的差异

丹霞、红富士、新红星苹果果皮在室温下贮藏 0 d、14 d、28 d 时向阳面纵向、向阴面纵向、向阳面横向、向阴面横向拉伸力学性质的差异如图 2-11、图 2-12、图 2-13、图 2-14 所示。

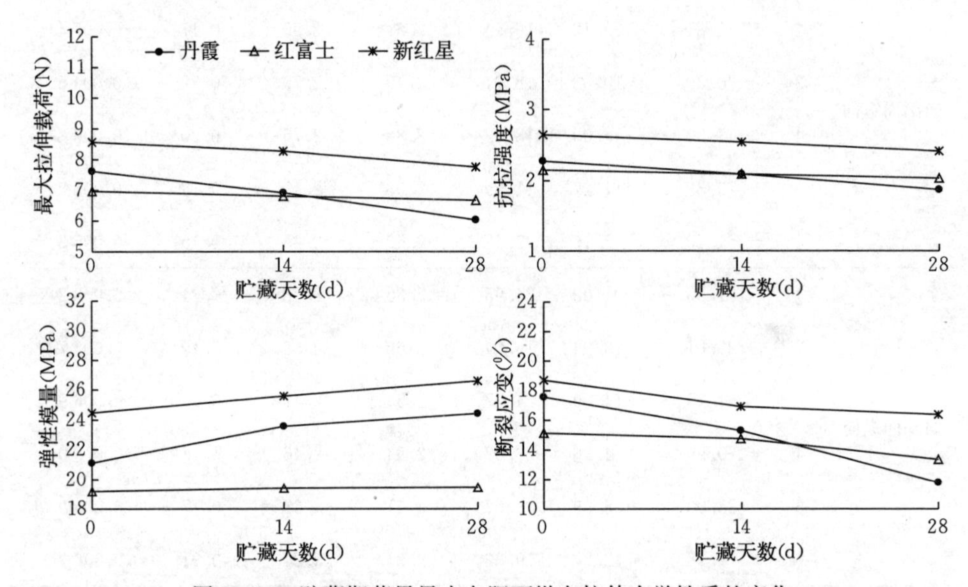

图 2-11　贮藏期苹果果皮向阳面纵向拉伸力学性质的变化

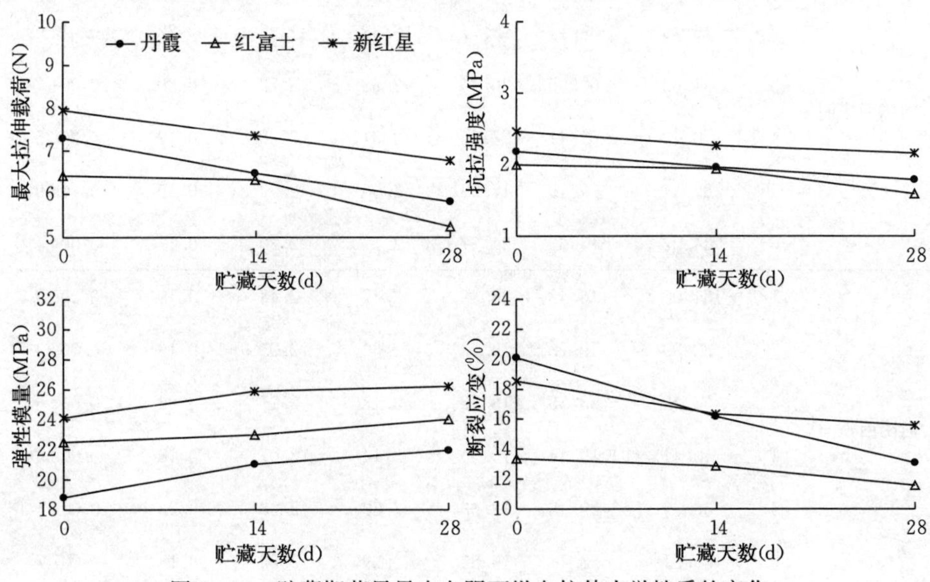

图 2-12　贮藏期苹果果皮向阴面纵向拉伸力学性质的变化

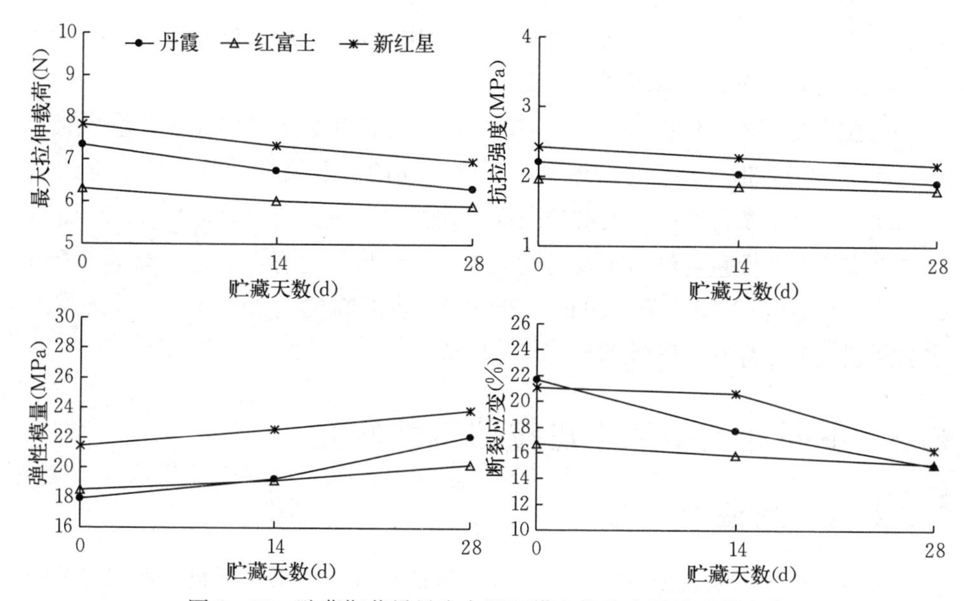

图 2-13 贮藏期苹果果皮向阳面横向拉伸力学性质的变化

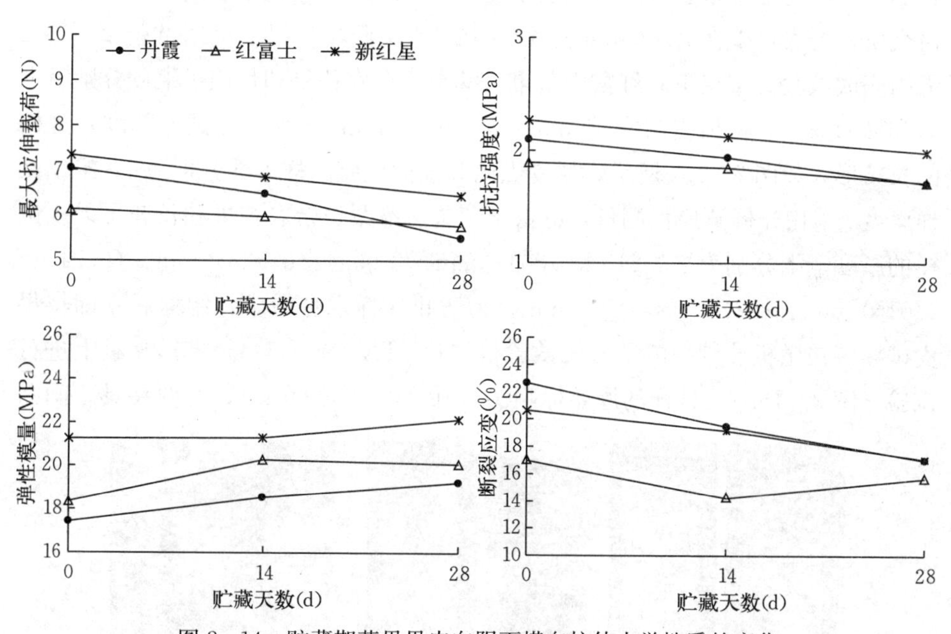

图 2-14 贮藏期苹果果皮向阴面横向拉伸力学性质的变化

由图 2-11、图 2-12、图 2-13、图 2-14 可知，丹霞、红富士、新红星苹果向阳面和向阴面果皮纵横向的最大拉伸载荷、抗拉强度、断裂应变均值均随着贮藏时间的延长而逐渐下降，3 个品种果皮向阳面和向阴面纵横向的弹性模量均值却随着贮藏时间的延长而不断地增大；3 种苹果果皮在同一贮藏期内向阳面纵向、向阴面纵向、向阳面横向、向阴面横向的最大拉伸载荷、抗拉强度、弹性模量值均值均以新红星果皮最大。

随着贮藏时间的延长，同种果皮的抗拉强度及断裂应变均存在显著性的差异（$P \leqslant 0.05$），但弹性模量的差异不显著。在同一贮藏期，新红星果皮的抗拉强度与红富士及丹霞果皮的抗拉强度存在极显著性差异（$P \leqslant 0.001$），而新红星果皮的弹性模量与红富士及丹霞果皮的弹性模量也存在显著性差异（$P \leqslant 0.05$），但只有在果实贮藏 28 d 时，新红星果皮的断裂应变与红富士及丹霞果皮的断裂应变才存在显著性差异（$P \leqslant 0.05$）。

2.5 不同种类果蔬果皮拉伸特性研究

2.5.1 试验方法

试验材料选用果皮薄厚和柔软程度相近的红富士苹果、酥梨、台农芒果和长茄子。红富士苹果、酥梨和长茄子在 2017 年 10 月采购于山西省农科院果树研究所，台农芒果在 2017 年 6 月采购于广西田阳，将果实运回试验室后在 2 天内完成试验。室温下对红富士苹果、酥梨、台农芒果和长茄子果皮分别沿纵向和横向取样，将果皮制成 40 mm×15 mm×$t$mm（t 为果皮试样厚度）规格的长条形，如图 2-15a 所示，果皮纵向和横向试验的样本数分别为 6。果皮试样厚度 t 采用光栅测厚仪测量，红富士苹果、酥梨、台农芒果和长茄子果皮试样的厚度范围分别为（0.215±0.004）mm、（0.321±0.028）mm、（0.211±0.015）mm、（0.242±0.022）mm。为防止试样水分散失，制样后立即将果皮试样装在微机控制的电子万能试验机（INSTRON—5544）楔形夹具上进行试验（图 2-15b），试样的原始标距为（10.00±0.03）mm，在两夹具之间断

(a)拉伸试样　　(b)拉伸试验

图 2-15　果皮取样方向、拉伸试样和拉伸试验（附彩图）

裂的试样被视为有效试样，在夹具根部断裂的试样为无效试样；拉伸试验的加载速度为 1 mm/min，并在整个试验过程中保持速度不变。

2.5.2 试验结果与分析

（1）不同种类果皮拉伸应力-应变曲线

红富士苹果、酥梨、台农芒果、长茄子果皮纵向和横向试样的拉伸应力-应变曲线如图 2-16 所示。由图 2-16 可知，果皮拉伸时的应力与应变呈非线性关系，4 种果皮曲线均无明显的生物屈服点，这与葡萄、番茄、苹果等果皮拉伸时获得的应力-应变曲线相似。红富士苹果、酥梨、台农芒果、长茄子果实形状为非平面，尤其是红富士苹果果实形状类似于球体，未拉伸时的果皮试样微屈曲状态较严重，导致果皮拉伸应力-应变曲线在初始阶段应力分布不均，应变比应力增加的速度快。随着果皮试样逐渐被拉展，应力分布趋于均匀，直至应力达到最大值，果皮试样开始断裂；但应力并没有迅速变为 0，存在一个平缓减小的过渡期，其后才迅速降为 0。

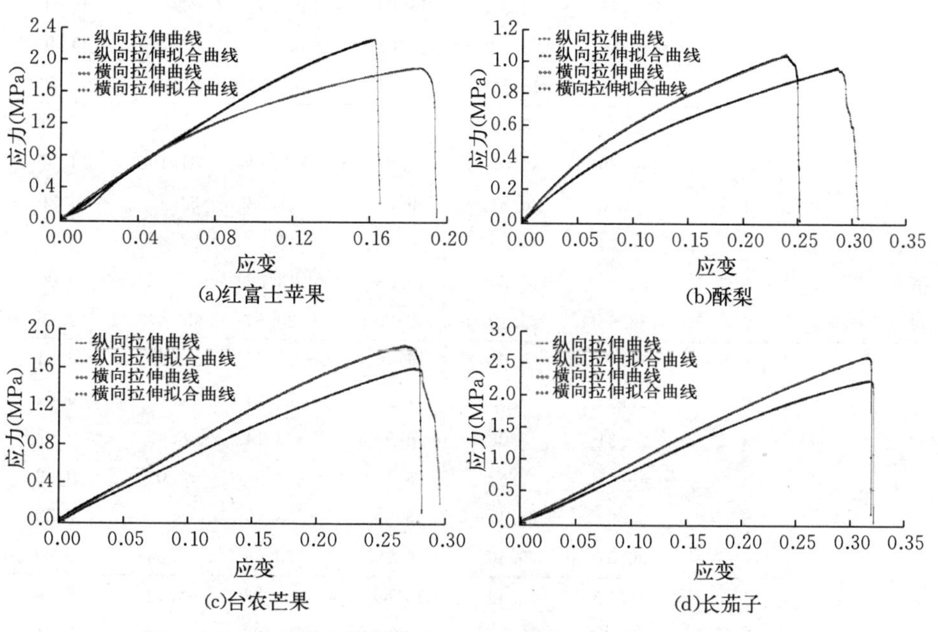

图 2-16 果蔬果皮拉伸应力-应变及多项式拟合曲线（附彩图）

（2）不同种类果皮弹性模量与变形关系

果皮作为果实的最外层组织，其弹性模量、抗拉强度等力学特性指标在很大程度上决定了果蔬在采收、包装、贮藏和运输等过程机械损伤程度，果皮的弹塑性值影响果蔬品质。弹性模量作为衡量果皮产生弹性变形难易程度的重要指标，可通过材料的应力-应变关系来表征；果皮属于软生物组织，与常用金属材料相比，其应力-应变关系不服从胡克定律，是非线性的关系；为了获得对应于不同变形时果皮的弹性模量值，采用曲线拟合的最小二乘法对果皮拉伸开始断裂及断裂前的试验数据进行了 3 次多项式拟合，4 种果皮纵向和横向试样的曲线拟合关系如图 2－16 所示。果蔬果皮拉伸应力-应变 3 次多项式拟合曲线各项系数见表 2－8。试验获得的果皮抗拉强度、弹性模量、断裂应变、拟合值及拟合误差结果见表 2－9。

表 2－8 果蔬果皮拉伸拟合曲线系数

品种	试验编号	纵向拟合系数			横向拟合系数		
		α_1	α_2	α_3	α_1	α_2	α_3
红富士苹果	1	187.75	16.19	16.25	−187.43	24.58	13.22
	2	−356.11	51.41	14.53	−325.30	46.27	12.33
	3	−723.65	132.58	10.01	−679.09	108.24	10.75
	4	−274.25	13.53	18.89	−153.34	−0.54	16.20
	5	−969.40	163.02	11.27	−403.07	32.74	14.40
	6	−479.31	48.54	17.11	86.34	−66.81	19.70
酥梨	1	7.94	−12.49	7.38	−10.73	−3.68	5.73
	2	60.89	−35.03	8.87	147.21	−61.19	11.86
	3	58.78	−35.24	9.61	48.68	−34.46	11.29
	4	22.64	−16.83	6.34	45.92	−27.69	8.39
	5	72.95	−41.35	10.33	13.86	−20.20	9.00
	6	36.64	−25.19	8.20	30.99	−26.44	9.25
台农芒果	1	−25.10	5.61	6.06	−11.77	1.96	6.61
	2	−27.94	5.05	7.27	−20.24	4.56	6.61
	3	−20.31	3.08	6.52	−8.14	−6.47	9.68
	4	−9.85	3.62	8.19	−21.97	−8.02	8.98
	5	−94.33	22.42	6.90	−33.99	6.45	7.59
	6	−30.51	5.46	6.99	−29.89	2.80	7.90
长茄子	1	13.16	−15.49	10.69	−9.62	8.14	8.19
	2	8.41	−15.10	12.23	−34.87	14.38	9.81
	3	−38.17	11.72	7.15	−23.29	5.34	8.89
	4	−0.81	−1.98	6.92	−20.59	6.79	10.10
	5	10.25	−15.17	12.12	−18.79	8.00	10.71
	6	7.33	−9.60	9.42	−21.43	9.58	9.54

（3）不同种类果皮拉伸特性分析

从表 2－8 可知，不同品种果蔬果皮纵向和横向试样应力-应变 3 次拟合曲线的拟合系数各不相同，从表 2－9 可知，抗拉强度的拟合误差 k 均低于百分之一，表明拟合的 3 次多项式曲线能够较好地描述 4 种果蔬果皮拉伸时应力-应变的非线性关系。

表 2－9　果蔬果皮拉伸特性参数均值及拟合误差

品种		断裂应变	抗拉强度（MPa）			弹性模量（MPa）
			试验值 σ	拟合值 σ^*	误差 k	
红富士苹果	纵向	0.15±0.01a	2.16±0.08a	2.13±0.09	0.004 2	20.75±1.94a
	横向	0.17±0.02a	1.90±0.20b	1.86±0.20	0.004 9	18.16±1.25b
酥梨	纵向	0.28±0.03a	1.12±0.15a	1.13±0.15	0.001 6	7.68±1.02a
	横向	0.24±0.03b	1.16±0.17a	1.15±0.18	0.002 6	8.89±1.41a
台农芒果	纵向	0.27±0.04a	1.69±0.10a	1.69±0.09	0.001 1	7.60±0.75a
	横向	0.29±0.05a	1.84±0.24a	1.83±0.24	0.002 3	7.85±0.82a
长茄子	纵向	0.47±0.09a	3.09±0.48b	3.10±0.49	0.001 0	9.25±1.36b
	横向	0.44±0.09a	4.19±1.00a	4.17±1.00	0.002 2	11.48±1.23a

注：表中抗拉强度拟合误差 $k=\left|\sum(\sigma^*-\sigma)\right|/\sum\sigma$，$\sigma$、$\sigma^*$ 分别为拉伸应力试验值和拟合值。

从表 2－9 还可知，同种果皮纵横向部位的抗拉强度、弹性模量、断裂应变均有差异。酥梨、台农芒果、长茄子果皮抗拉强度和弹性模量均值均以其横向最大，红富士苹果果皮以其纵向最大；红富士苹果、台农芒果果皮横向断裂应变均值均大于其纵向的，酥梨、长茄子果皮横向断裂应变均值均小于其纵向的；对同种果皮纵向和横向的抗拉强度、弹性模量、断裂应变进行独立样本 t 检验，结果表明，酥梨、台农芒果果皮纵向和横向的抗拉强度、弹性模量间不存在显著性差异，红富士苹果和长茄子果皮纵向和横向的抗拉强度、弹性模量间存在显著性差异（$P\leqslant 0.05$）；酥梨纵向和横向的断裂应变存在显著性的差异（$P\leqslant 0.05$），其他种类纵向和横向的断裂应变差异均不显著。

不同果蔬品种果皮拉伸力学特性参数比较如图 2－17 所示。果皮作为果蔬果实的最外层组织，其力学特性参数值的大小对分析果实抵抗裂纹及机械损伤的能力等起着非常重要的作用。从图 2－17 可知，不同品种果蔬果皮的抗拉强度、弹性模量、断裂应变均有差异。4 个果蔬品种果皮试样中，长茄子的抗拉强度均值最大为 3.64 MPa，酥梨的最小为 1.14 MPa，红富士苹果和台农芒果的分别为2.03 MPa和1.76 MPa；抗拉强度：长茄子与红富士苹果、酥梨、台农芒果之间差异极显著（$P \leqslant 0.001$），酥梨与红富士苹果、台农芒果之间差异极显著（$P \leqslant 0.001$），红富士苹果与台农芒果之间差异不显著。红富士苹果的弹性模量均值最大为19.46 MPa，台农芒果的最小为7.72 MPa，长茄子和酥梨的分别为10.36 MPa、8.29 MPa；弹性模量：红富士苹果与酥梨、台农芒果、长茄子之间差异极显著（$P \leqslant 0.001$），长茄子与台农芒果差异极显著（$P \leqslant 0.001$），与酥梨差异显著（$P \leqslant 0.05$），酥梨与台农芒果之间差异不显著。长茄子的断裂应变均值最大为0.46，红富士苹果的最小为0.16，长茄子和酥梨分别为0.28、0.26；断裂应变：长茄子与红富士苹果、酥梨、台农芒果之间差异极显著（$P \leqslant 0.001$），红富士苹果与酥梨、台农芒果之间差异极显著（$P \leqslant 0.001$），酥梨与台农芒果之间差异不显著。

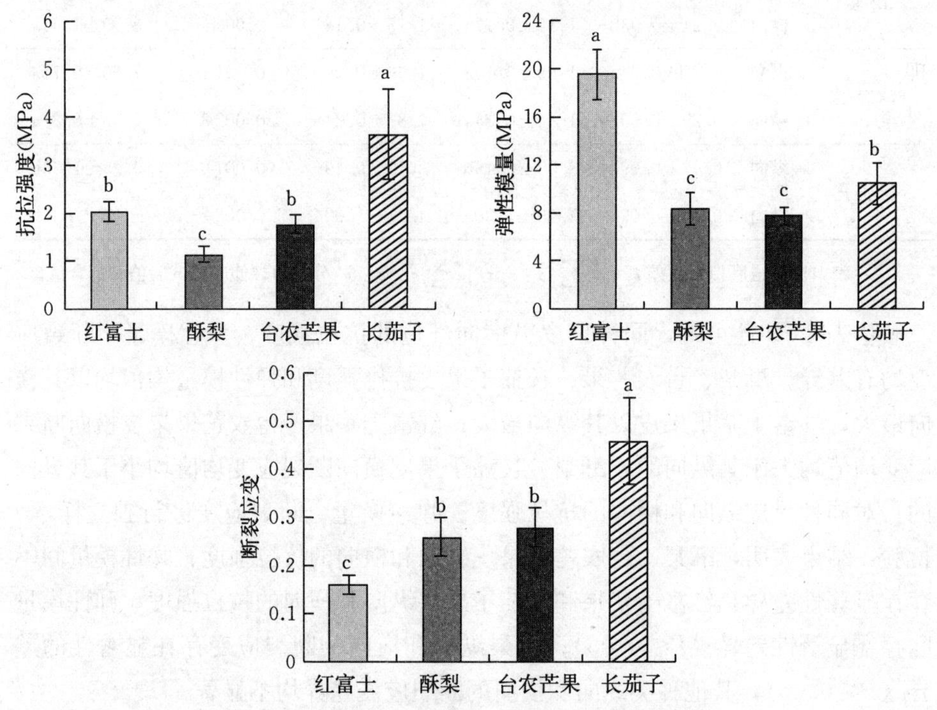

图2-17　不同品种果蔬果皮拉伸力学特性参数比较

注：不同小写字母表示不同品种果皮在0.05水平上的差异显著性。

由图2-17还可知，红富士苹果、酥梨、台农芒果、长茄子果皮试样的抗拉强度、弹性模量、断裂应变的标准差与其均值比值的变化范围分别为9.85%～12.50%、14.04%～16.04%、9.84%～14.29%、16.41%～26.10%，表明果蔬果皮作为活的生物体，同一品种及不同品种试样的组织结构间均存在差异，致使其力学特性参数的离散程度相对较大；红富士苹果、酥梨、台农芒果离散程度低于长茄子的离散程度。

2.6 果皮化学组分含量对拉伸力学特性的影响

植物细胞壁的主要化学组分是影响其力学性质的重要因素。植物细胞壁由多糖类、结构蛋白、木质素、无机离子等相连接而成，而多糖类可分为果胶、半纤维素和纤维素，它们分别占细胞壁多糖类的 35%、25%和 20%～30%，植物细胞壁为细胞、组织甚至整个植物提供机械支持作用。Chen 等研究表明，贮藏期蓝莓果实硬度的差异与其细胞壁成分的变化是密切相关的；Liu 等通过对酥梨细胞壁化学组分的测定，表明木质素是植物次生细胞壁的主要成分，在酥梨果实硬化中起着重要作用；Lahaye 等对番茄硬度与细胞壁多糖的研究发现，果皮组织的硬度取决于组织学和细胞壁化学；武艺儒等分析植物根系的纤维素、半纤维素、木质素等含量对抗剪特性的影响，表明纤维素是影响灌木根系材料力学特性的主要化学组分；王健等和郭维俊等对小麦茎秆力学特性与细胞壁化学组分的研究表明，纤维素、半纤维素和木质素的含量影响小麦品种茎秆机械强度。鉴于此，在微机控制的电子万能试验机上，对红富士和丹霞果皮进行了不同加载速度下的拉伸特性试验，测定了果皮纤维素、半纤维素、木质素的含量，探讨果皮拉伸特性指标的差异，建立拉伸特性指标随加载速度变化关系的数学模型，预测和控制苹果在生长过程中的开裂、裂纹、撕裂损伤及采摘及贮运过程中的擦伤、穿孔等机械损伤；对不同品种间果皮主要化学组分进行了差异性分析，探索决定果皮抗拉能力高低的影响因素，旨在为苹果采摘及贮运装置的设计及运输减损管理提供理论依据，为进一步培育优良品种、提高果皮生长的承载能力提供参考依据。

2.6.1 果皮化学组分测定

为了获得果皮中纤维素、半纤维素、木质素的比含量，分别随机取红富士和丹霞苹果各 10 个试样，取适量的果皮组织剁碎，液氮速冻，置−80 ℃超低温冰箱中保存待用。试验仪器采用酶标仪（1510－04087 型，China）、低温离心机（H－1850R 型，China）、水浴锅（HH－8，China）等。

（1）纤维素和半纤维素含量测定

参考 Brummell 等和 Fishman 等的方法，略加改进，准确称取 3.0 g 果皮，研磨，加 10 m L80%乙醇水煮 20 min，冷却后 12 000 r/min 离心 10 min，弃上清液，再用 20 mL 80%乙醇和纯丙酮各重新洗 2 遍，得到粗细胞壁，后用 15 mL 90%的二甲亚砜（去除淀粉）浸泡 15 h，离心，弃上清液，然后在 45 ℃干燥，称重即得细胞壁物质（CWM）。称取烘干的 CWM 50 mg，按以下步骤依次提取不同成分：4 mol/L KOH（含 1%$NaBH_4$）振荡提取 5 h，得到半纤维素，最后离心所剩沉淀为纤维素。半纤维素经水解后用比色法检测，在 460 nm 波长处测定吸光值；纤维素含量用蒽酮法测定，在 620 nm 波长处测定吸光值。每个处理重复 3 次。

（2）木质素含量测定

木质素含量的测定参照 Yin 等方法。取冷冻果皮组织 3.0 g，在预冷的 5 mL、体积分数 95%乙醇溶液中研磨成匀浆状，然后 4 ℃、14 000 r/min 离心 30 min，弃去上清液，将沉淀物用 95%乙醇溶液冲洗 3 次，再用乙醇-正己烷（1∶2）溶液冲洗 3 次，再次收集沉淀在 60 ℃烘箱中干燥 24 h，将干燥物转移至离心管中，溶于 1 mL 溴化乙酰-冰醋酸（1∶4）溶液，70 ℃恒温水浴 30 min，最后加入 1 mL 2 mol/L NaOH 溶液终止反应。再加 2 mL 冰醋酸和 0.1 mL 7.5 mol/L 羟胺盐酸溶液，离心，取上清液 0.5 mL，用冰醋酸定容至 5 mL，在 280 nm 波长处测定吸光值，重复 3 次。

2.6.2 果皮化学组分含量对拉伸力学特性的影响

（1）苹果果皮化学组分含量特征

不同品种果皮化学组分含量如表 2-10 所示。由表 2-10 可知，同一品种果皮纤维素含量、半纤维素含量、木质素含量相比较而言，半纤维素含量最高、纤维素次之，木质素最低；不同品种间，丹霞果皮的纤维素、半纤维素、木质素的含量均高于红富士果皮，分别是红富士果皮的 1.27 倍、1.19 倍、1.03 倍，且丹霞果皮与红富士果皮的纤维素含量、半纤维素含量均存在显著性的差异（$P \leqslant 0.05$）。纤维素是构成果实细胞壁的重要组分之一，纤维素含量会影响果皮的力学特性；半纤维素是果实细胞壁中与纤维素紧密结合的多糖混合物，是构成细胞初生壁的主要成分，起着基体粘结作用，以增强纤维整体的强度；木质素具有使细胞相连的作用，其填充于纤维素构架中增强细胞的机械强度。以上结果表明，果皮化学组分含量随着苹果品种的不同而变化；丹霞果皮的抗拉强度强于红富士果皮，反映出果皮的力学特性因化学组分含量的不同而存在差异，即果皮的抗拉强度随着纤维素、半纤维素、木质素含量的增大而增强。

表 2-10　不同品种苹果果皮化学组分的含量

品种	纤维素（%）	半纤维素（%）	木质素（%）
丹霞	4.34±0.43a	7.67±0.59a	3.11±0.11a
红富士	3.43±0.84b	6.42±1.1b	3.03±0.05a

（2）苹果果皮化学组分含量对抗拉强度的影响

苹果果皮抗拉强度与化学组分相关性检验如表 2-11 所示。由表 2-11 可知，果皮纤维素、半纤维素和木质素含量与其抗拉强度均呈正相关，但只有丹霞果皮的抗拉强度与其木质素含量呈显著正相关（$P \leqslant 0.05$），同时丹霞果皮的相关系数高于红富士果皮，由此可见，果皮的力学特性与纤维素、半纤维素和木质素含量之间存在一定的关系，不同品种果皮之间化学组分含量的差异，会影响果皮在破损及机械损伤中的力学性质。

表 2-11　不同品种苹果果皮抗拉强度与化学组分相关性检验

品种	纤维素（%）	半纤维素（%）	木质素（%）
丹霞	0.753 3	0.753 3	0.854 1*
红富士	0.688 4	0.688 4	0.301 9

注：* 表示差异显著（$P \leqslant 0.05$）。

第3章　果蔬果皮撕裂性质研究

3.1　概述

我国果蔬的种质资源丰富，果蔬在生长过程中会受到内外载荷的作用产生裂果及果面碎裂现象，直接影响果实的外观及品质，降低果实的商品性能，给生产者带来巨大的经济损失。

撕裂试验是一种简单而有效的试验方法，设计于20世纪50年代，为了检验薄膜材料与主体材料（基体）之间的黏结性能（强度），直到目前仍被广泛应用于涂层织物的性能测试，如帐篷、吊床等；参照国内外对撕裂强度的测试方法，主要有裤型法（单缝法）、梯形法、落锤法和翼形法等。本试验采用裤型法测试果皮试样的撕裂性能。撕裂性能是评定柔性材料好坏的一个重要指标，可反应材料的耐用性。果蔬果皮作为果实最外层的组成部分，对果实起到保护作用，其撕裂性能对分析果蔬果面碎裂及果皮抗裂能力有着重要的意义。

果皮的抗裂性能与果皮的组织结构及果皮的展性等密切相关。近年来，国内外学者对果蔬的裂果及果面碎裂进行了大量的研究，主要是从裂果发生的症状与时期、果实的解剖结构、生理生化方面、水分条件、土壤条件、树体管理等方面阐明了苹果果实裂果发生的机理。石志平等运用石蜡切片对灵武长枣正常果实与裂果的解剖结构进行了观察，表明长枣果皮的裂果与长枣果角质层厚度、亚表皮细胞层数、表皮厚度、中果皮细胞大小、维管束粗细及多少、空腔大小及多少等密切相关；王惠聪等选用3个品种荔枝果实为试材进行研究，发现荔枝果皮组织结构与抗裂程度有关，淮枝（荔枝）果皮组织结构具有较强的抗裂性能，因而裂果少；Khadivi - Khub针对口感型番茄的研究，表明口感型番茄皮薄、汁浓、味道好、适合鲜食，其经济价值较高，但栽培过程中极易因番茄形状、大小、果皮的强度等出现裂果现象；赵丹等为探明红富士苹果裂果发生的机理，对红富士果实表面角质层厚度进行测定，得到角质层厚度与裂缝平均宽度呈显著正相关；刘雯斐等探讨了红富士苹果果面碎裂与微域环境温湿度发生的关系，发现温度越高，相对湿度越低，果面碎裂现象越严重；邹河清和许建楷对红江橙果实的向阴面与向阳面果皮组织结构研究表明，果皮的组织结构直接影响到果皮的抗裂强度，与果实的裂果关系密切；杨为海等阐述了果皮力学性能直接影响裂果的发生。

本章选取苹果果皮为研究对象进行撕裂试验研究，分析同一品种不同部位及不同品种相同部位间果皮撕裂强度的差异，为丰富果皮的生物力学性质指标提供参考依据，为准确表达果皮材料的薄膜属性奠定基础。本章通过对苹果果皮撕裂性能指标的测定及果皮微观组织结构的观察，获得不同品种苹果果皮撕裂特性指标，分析果皮宏观撕裂性能与微观组织结构的关系；为表达果皮材料的复合薄膜属性提供参考依据，为评价不同品种苹果果皮对裂果及果面碎裂的抵抗能力提供量化依据。

3.2 试验材料及仪器

试验材料为成熟的红富士和丹霞苹果，于 2017 年从太谷本地市场采购，并放置在试验室冰箱内，贮藏温度为 3～5 ℃，为了减少果实水分及其他营养成分的流失，试验在 2 天内完成。试验时选取形状规则、无病虫害及无机械损伤的果实。试验仪器采用微机控制的 INSTRON - 5544 电子万能试验机（INSTRON，USA）测量果皮的撕裂性能指标。

3.3 试样制作及试验方法

室温下分别在红富士和丹霞苹果向阴面和向阳面沿纵向（果实的梗端与萼端连线的方向）和横向（与果实的赤道面平行）两个相互垂直的方向取样，确保制取的果皮试样无损伤，然后制成 30 mm×15 mm×t mm（t 为果皮试样厚度）规格的长条形试样，如图 3 - 1a 所示，果皮向阴面和向阳面纵横向试验的样本数均为 6。果皮试样厚度 t 采用光栅测厚仪测量，红富士和丹霞果皮试样的厚度范围分别为（0.202±0.009）mm、（0.198±0.017）mm。

参照 GB/T 16578.1—2008《塑料薄膜和薄片耐撕裂性能的测定》第 1 部分——裤型撕裂法，在试样宽度方向正中切开一长为 15 mm 的平行于长度方向的切口，如图 3 - 1b 所示，采用放大镜观察保证所裁切试样的边缘光滑无缺口，为防止试样水分散失，制样后立即将果皮试样装在试验机夹具上进行试验，使其在切口所形成的两“裤腿”上经受拉伸，如图 3 - 1c 所示，试样切口线在上下两楔形夹具之间呈直线，启动试验机将拉力施加于切口方向，直至试样被拉断；撕裂试验的加载速度为 20 mm/min，并在整个试验过程中保持速度不变。

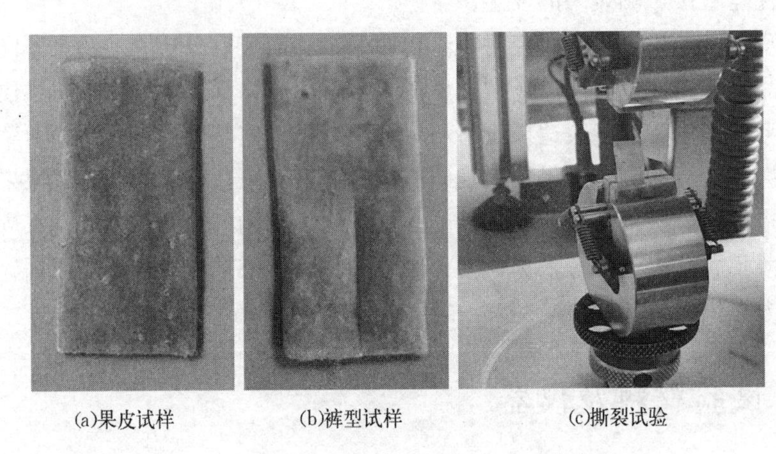

(a)果皮试样　　(b)裤型试样　　(c)撕裂试验

图 3-1　苹果果皮撕裂试样及撕裂试验（附彩图）

3.4　试验原理

试验采用裤型法，即单轴中缝法测试果皮试样的撕裂性能（图 3-2），这种方法可以保证每个果蔬果皮试样的撕裂裂缝长度均相同，使得品种间或品种内不同果皮试样获得的撕裂平均作用力具有较高的可比性。

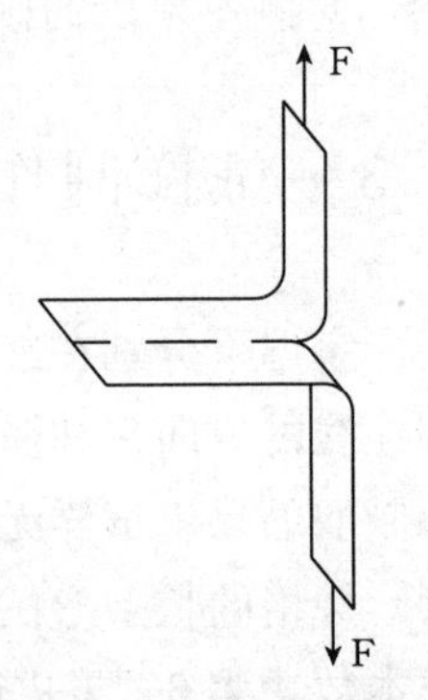

图 3-2　裤型撕裂法

在一定的试验参数条件下，试样在撕裂过程中，负荷连续不断地变化，经过计算转换即可获得撕裂强度。表示撕裂强度的指标有很多，如以撕裂曲线中每个最大值的均值来表示，或采用撕裂曲线下面的面积来计算撕裂功来表示，或以撕裂曲线中各个最大值的中值来表示等。

图 3-3 为果皮试样撕裂的载荷-位移曲线。由图 3-3 可知，果皮的撕裂曲线为多峰曲线，同时在撕裂试验过程中可观察到试样的破坏是从试样上的切口处开始，并沿着切口呈线性向后不断延展。参考 GB/T 3917.2—2009《织物撕破性能》第 2 部分：裤型试样（单缝）撕破强力的测定的计算方法，将撕裂曲线从第一峰开始至最后峰结束等分为四个区域，对第 2、3、4 三个区域标出两个最高峰和两个最低峰，共计 12 个峰值，计算 12 个峰值负荷的均值为撕

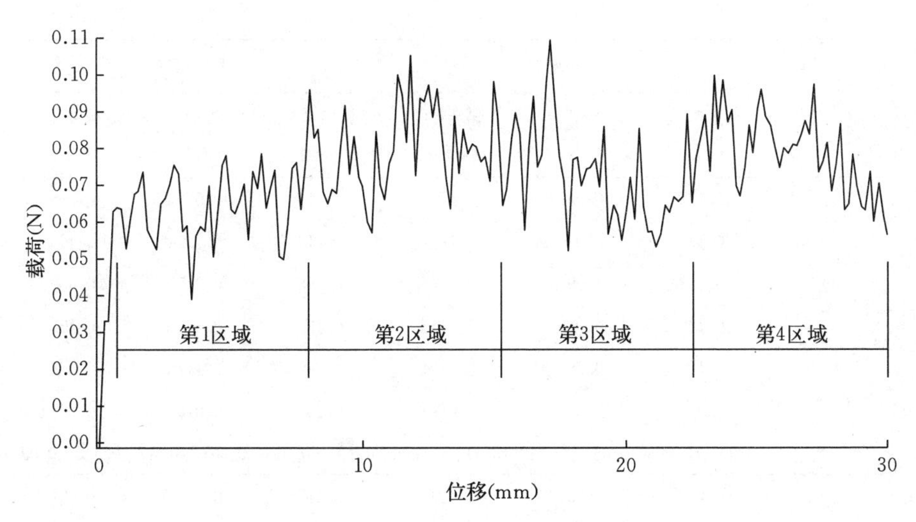

图 3-3 果皮撕裂载荷-位移曲线

裂试样的作用力，试样沿长轴方向撕裂的撕裂强度

$$T=F_T/d \tag{3-1}$$

式中：F_T——撕裂试样的作用力，N；

d——试样的原始厚度，m。

利用撕裂数据和公式（3-1）可获得撕裂曲线中12个峰值负荷的均值及试样的撕裂强度。

利用撕裂数据和公式（3-1）可获得果皮的撕裂强度，果皮厚度、撕裂力、撕裂强度值见表3-1。

表 3-1 苹果果皮撕裂性能参数的均值和标准差

部位	试验编号	红富士果皮			丹霞果皮		
		试样厚度(mm)	撕裂力(N)	撕裂强度(kN/m)	试样厚度(mm)	撕裂力(N)	撕裂强度(kN/m)
向阳面纵向	1	0.210	0.093 0	0.443 0	0.177	0.070 3	0.397 9
	2	0.200	0.067 4	0.337 0	0.218	0.078 7	0.361 9
	3	0.190	0.088 0	0.463 1	0.180	0.090 5	0.502 9
	4	0.210	0.073 7	0.351 2	0.182	0.076 5	0.420 8
	5	0.205	0.075 7	0.369 1	0.210	0.101 1	0.481 4
	6	0.200	0.067 4	0.337 2	0.198	0.131 5	0.663 2
	均值	0.203±0.008	0.078±0.011	0.383±0.056	0.194±0.017	0.091±0.023	0.471±0.108

（续）

部位	试验编号	红富士果皮			丹霞果皮		
		试样厚度 (mm)	撕裂力 (N)	撕裂强度 (kN/m)	试样厚度 (mm)	撕裂力 (N)	撕裂强度 (kN/m)
向阳面横向	1	0.195	0.096 0	0.492 4	0.218	0.066 7	0.306 7
	2	0.198	0.094 5	0.476 4	0.218	0.101 8	0.468 3
	3	0.218	0.095 3	0.437 9	0.168	0.085 3	0.509 5
	4	0.192	0.085 0	0.443 5	0.190	0.080 1	0.421 5
	5	0.190	0.082 4	0.433 5	0.200	0.112 7	0.563 7
	6	0.205	0.046 7	0.227 6	0.200	0.074 3	0.371 5
	均值	0.200±0.008	0.083±0.019	0.419±0.096	0.199±0.019	0.087±0.017	0.440±0.094
向阴面纵向	1	0.208	0.091 8	0.440 8	0.185	0.092 0	0.497 2
	2	0.190	0.082 5	0.434 4	0.218	0.087 1	0.400 2
	3	0.212	0.078 8	0.372 2	0.208	0.115 3	0.553 5
	4	0.207	0.073 7	0.356 4	0.177	0.100 1	0.566 8
	5	0.210	0.072 5	0.345 4	0.212	0.124 8	0.589 4
	6	0.190	0.056 5	0.297 3	0.198	0.061 5	0.310 0
	均值	0.203±0.010	0.076±0.012	0.374±0.055	0.200±0.016	0.097±0.022	0.486±0.110
向阴面横向	1	0.200	0.122 4	0.611 8	0.165	0.084 0	0.509 2
	2	0.193	0.086 1	0.445 3	0.218	0.082 3	0.378 3
	3	0.200	0.074 1	0.370 6	0.212	0.103 3	0.488 0
	4	0.212	0.083 5	0.394 4	0.183	0.093 6	0.510 8
	5	0.200	0.073 8	0.369 2	0.202	0.116 6	0.578 3
	6	0.217	0.073 7	0.340 2	0.208	0.125 4	0.601 7
	均值	0.204±0.009	0.086±0.019	0.422±0.099	0.198±0.020	1.009±0.018	0.511±0.079

3.5 试验结果与分析

由表 3－1 可知，同种果皮不同部位的撕裂强度均不相同。红富士果皮横向撕裂强度均值大于其纵向的，向阳面的大于其向阴面的，丹霞果皮向阴面的撕裂强度大于其向阳面的，横向与纵向的撕裂强度均值相近，反映出苹果果实裂果与果面碎裂的开裂形状及方式具有多样性。对同种果皮不同部位的撕裂强度进行独立样本 t 检验，结果表明，同种果皮不同部位间撕裂强度均不显著。

丹霞和红富士果皮撕裂强度均值分别为 0.477 2 kN/m 和 0.400 0 kN/m，两种果皮撕裂强度存在显著差异（$P \leqslant 0.05$）；不同品种相同部位果皮的撕裂强度均以丹霞最大；丹霞向阴面纵向果皮试样的撕裂强度与红富士相对应部位的撕裂强度均存在显著性差异（$P \leqslant 0.05$），其他部位差异不显著。上述的分析表明，丹霞果皮的柔性强于红富士果皮，其抵抗裂果及果面碎裂的能力较强。

由表 3-1 还可知，红富士和丹霞不同部位果皮试样撕裂强度的标准差与其均值比值的变化范围分别为 14.50%～23.56%、15.38%～22.58%，反映出苹果果皮作为果实的最外层组织，采摘后仍然继续进行着生理活动，同一品种及不同品种果皮试样的组织结构间均存在差异，致使其撕裂性能参数的离散程度相对较大。

第4章 果蔬果皮剪切性质研究

4.1 概述

果蔬果皮通过剪切试验获得剪切力、剪切强度、剪切弹性模量等生物力学性质指标可反映其材料的抗剪切能力，也可反映出果实在自然生长过程中果皮在外在载荷及内在载荷作用下抵抗错动变形的承载能力大小；同时果蔬果皮的剪切试验也可模拟果皮被切割、剪断的真实过程，反映果皮材料的质地、脆度、密度等；试验所获得的数据对指导同一种类不同品种的果蔬新鲜消费或工业加工提供参考依据，为果蔬加工装备的设计提供基础技术参数。近年来，国内外学者对果蔬果皮及果肉剪切性质进行了一些研究，如 Krishna 等对橘子果皮进行了剪切测试，研究了成熟期的橘子在不同的环境条件下贮藏后橘子果皮剪切性质的变化，表明采后橘子在温度为 28 ℃、相对湿度为 58 %，或在温度为 7 ℃、相对湿度为 78 %的贮藏环境条件下，橘子果皮的剪切力、剪切功等都呈下降趋势，但在低温而相对湿度较高的环境下橘子果皮剪切性质变化相对较小；Alvarez 等对苹果组织进行了剪切测试并对果肉组织进行了微观组织的显微观察，表明在贮藏期间苹果组织结构发生了变化，可以用剪切性质测定细胞的黏结度。众多研究人员对茎秆作物进行了剪切测试，如李玉道等对棉花秸秆进行了剪切力学性质试验，研究结果表明，棉花秸秆在不同时间、不同含水率的剪切强度和剪切功存在差异，确定了收获棉花秸秆的最佳时期为 12 月中下旬开始的一个月内，此时收获所需的剪切功较少；刘丽等对姜苗茎进行了剪切测试和化学组成的测量，研究结果表明，茎的粗细是影响剪切力大小的重要因素，木质素含量与剪切力之间呈正相关关系，茎的干物质降解率随着剪切力的增加而降低，并呈显著负相关关系。

本章研究了不同品种苹果向阳面和向阴面果皮的剪切力学性质，自行设计了一套剪切果皮试样的专用夹具，以及通过分析同一品种不同部位及不同品种相同部位果皮试样剪切强度的差异，为果皮材料抵抗错动变形的能力及果皮材料质地、致密性等的评价提供理论依据。

4.2 试样材料及仪器

试验材料为成熟的丹霞、红富士和新红星苹果，果实于成熟时从山西省农科院果树研究所购买，试验仪器采用微机控制的电子万能试验机（INSTRON—5544，USA）。

4.3 试样制作及试验方法

参考 HG/T 3839—2006《塑料剪切强度试验方法》——穿孔法，分别在苹果向阳面和向阴面上取样，制成规格为 24 mm×24 mm×t mm（t 为果皮试样厚度）的试样用于剪切试验，果皮向阳面和向阴面试验样本数均为 15。丹霞、红富士和新红星苹果果皮剪切试样的厚度范围分别为 0.165～0.197 mm、0.173～0.195 mm、0.174～0.198 mm。因试样尺寸有限自行设计了一套夹具，该夹具由穿孔器和压膜构成（图 4-1），试验时将穿孔器固定在万能材料试验机上，试样固定在夹具的上下膜之间。剪切时与上下膜配合的穿孔器为直径 14 mm 圆柱体，加载速度均为 1 mm/min。试验的其他仪器同果皮拉伸试验，苹果果皮的剪切试验和剪断的试样如图 4-2 所示。

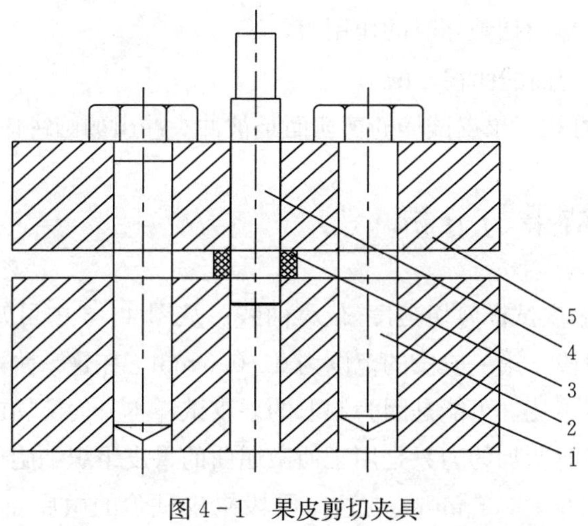

图 4-1 果皮剪切夹具

1. 下模 2. 螺栓 3. 试样 4. 穿孔器 5. 上模

(a)苹果果皮剪切试验

(b)苹果果皮剪断试样

图 4-2 苹果果皮剪切试验和剪断的试样（附彩图）

4.4 试验原理

当作用于果蔬果皮试样某一截面两侧的力大小相等、方向相反，且作用线互相平行，将使果皮两部分沿这一截面（剪切面）发生相对错动的变形，即果皮试样被剪切。若截面上与截面相切的剪力 F_τ 均匀分布，以 A 表示剪切面面积，则剪切强度为

$$\tau=\frac{F_\tau}{A} \tag{4-1}$$

式中：F_τ——试样剪切破坏时的作用力，N；

A——剪切面的面积，m^2；

由图 4-2 可知，果皮试样的剪切面是被冲头冲出的圆饼体的柱形侧面。

4.5 试验结果与分析

图 4-3 为果皮试样剪切强度-位移曲线。从图 4-3 中可知，果皮剪切曲线可分为三个阶段：第一阶段的范围为 0～0.6 mm，在这一阶段，所加的载荷非常小几乎恒定不变，可能是因为制取的果皮试样本身为微屈曲状态，当穿孔器与果皮刚接触时所加的力只是用于使微屈曲的果皮组织细胞逐渐伸展；第二阶段的范围为 0.6～0.86 mm，在这一阶段果皮试验的微屈曲状态逐渐消失，随着穿孔器继续接触挤压果皮试样时，果皮的组织细胞开始变形，使得细胞与细胞之间的间隙变得越来越小，细胞本身的膨压不断增大，因此，在这一阶段

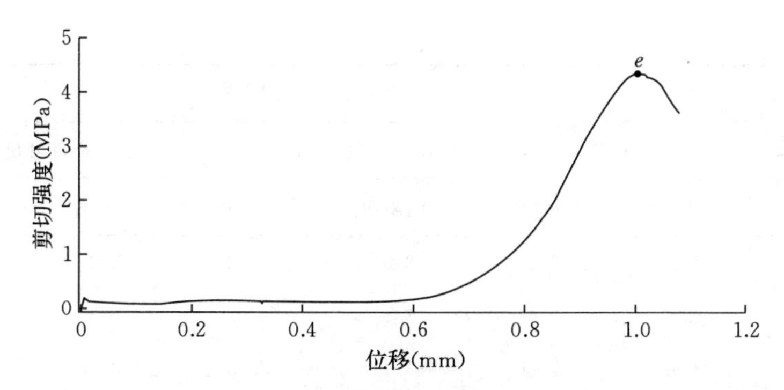

图 4-3 苹果果皮剪切强度-位移曲线

所加的载荷逐渐增大；第三阶段的范围为 0.86～1.0 mm，在此阶段随着穿孔器对果皮试验的进一步挤压，果皮组织细胞的膨压急剧的增加，最后导致细胞的破裂，因而在图 4-3 中这一阶段的载荷急剧地增大，达到最大值（e 点）后，果皮试样被剪断，e 点可以作为试样的剪断点，其所对应的强度值可以作为果皮的剪切强度。剪切强度可通过下式计算得到：

$$\tau=F_\tau/A，A=\pi dt \quad (4-2)$$

式中：F_τ——试样剪切破坏时的作用力，N；

A——剪切面的面积，m^2；

d——穿孔器的直径，mm；

t——果皮试样的厚度，mm。

另外，从图 4-3 中也可以看出，果皮的剪切曲线只有一个峰值，表明果皮试样剪切破裂的模式以果皮组织细胞同时断裂的模式为主。

3 个品种苹果果皮向阳面和向阴面剪切试验数据处理的结果如表 4-1 所示。

表 4-1 苹果果皮剪切强度的均值和标准差

试样编号	剪切强度（MPa）					
	丹霞		红富士		新红星	
	向阳面	向阴面	向阳面	向阴面	向阳面	向阴面
1	3.20	2.97	3.01	4.55	6.38	4.42
2	3.47	3.63	5.42	3.88	3.15	3.28
3	3.12	2.80	3.63	2.67	4.38	4.81
4	3.03	3.57	3.62	4.60	4.67	3.70

（续）

试样编号	剪切强度（MPa）					
	丹霞		红富士		新红星	
	向阳面	向阴面	向阳面	向阴面	向阳面	向阴面
5	2.89	3.43	3.67	4.33	3.43	4.79
6	3.60	2.61	3.64	4.07	4.25	4.26
7	3.69	2.33	3.14	2.75	3.70	2.45
8	3.73	2.84	4.16	2.72	3.49	3.83
9	2.82	2.17	3.29	4.28	3.86	3.38
10	3.59	3.34	4.00	2.62	5.73	5.03
11	3.50	3.51	3.12	3.75	3.82	3.45
12	3.73	2.94	4.26	3.01	7.48	4.79
13	3.30	2.65	4.38	3.21	3.95	4.55
14	2.78	2.98	3.04	3.49	3.99	4.07
15	4.81	3.16	4.87	3.20	3.24	3.59
均值	3.42±0.39	3.00±0.45	3.82±0.70	3.54±0.71	4.37±1.23	4.03±0.72

从表 4-1 可知，丹霞果皮剪切强度的变化范围为 2.17～4.81 MPa，红富士的变化范围为 2.62～5.42 MPa，新红星的变化范围为 2.45～6.38 MPa；3 种果皮向阳面的剪切强度均值以新红星果皮最大，丹霞果皮最小；3 种果皮向阳面的剪切强度均值大于其向阴面的剪切强度均值，且果皮向阳面剪切强度的最大值与其均值的比值均达到 1.4 以上。从以上的分析表明，新红星果皮抵抗内外载荷错动的能力、致密性均强于其他两种果皮；3 种果皮剪切强度的变化范围远大于拉伸强度的变化范围，从而反映出果皮材料各向异性非均值的行为。

试验数据通过方差分析可知，新红星果皮的剪切强度与丹霞相对应面的剪切强度均存在极显著性的差异（$P \leqslant 0.01$），与红富士相对应面的剪切强度的差异均不显著；丹霞与红富士只有向阳面的剪切强度存在极显著性的差异（$P \leqslant 0.01$）。同时从图 4-3 中也可以看出，果皮的剪切曲线只有一个峰值，表明果皮试样剪切破裂的模式以果皮组织细胞同时断裂的模式为主。

由表 4-1 可知，红富士果皮的平均剪切强度为 3.68 MPa，丹霞果皮的平均剪切强度为 3.21 MPa；红富士和丹霞果皮试样的剪切强度的标准差与其均值比值分别为 19.21%、13.17%，表明丹霞果皮剪切强度的离散程度相对较低，红富士果皮的离散程度相对较高，反映出不同品种苹果果皮试样组织结构存在差异。试验数据通过的方差分析可知，红富士与丹霞果皮剪切强度的差异均显著（$P \leqslant 0.05$），表明红富士果皮抵抗错动变形的能力较强。

第 5 章　果蔬果皮穿刺性质研究

5.1　概述

果蔬果实作为一种活的生物体，在采摘之后仍然进行着各种代谢反应，使其果肉细胞间的结合力变小，果实品质逐渐下降。果实的坚实度可反映出细胞间结合力的差异程度，果实坚实度又称坚密度，可表征果蔬产品组织质地的坚实和致密程度；而果蔬的穿刺试验是检查其坚实度的常用方法，通过穿刺试验可获得最大穿刺力及穿刺强度等生物力学性质指标。穿刺法是食品分析领域常见的质地分析方法，能够直接获得果蔬的力学特性，同时试验样品的大小及形状特性对穿刺法分析结果的影响较小，因此该方法被广泛应用于苹果质地评估试验中。Morris 等于 1917 年首次采用穿刺法探究苹果质地特性，试验表明，用穿刺力学特性表征苹果质地是可行的。消费者对果实坚实度的评价一是通过手触摸果实来感知后得出主观评定；二是通过仪器测试获得参数指标的客观评价。国内外有关果蔬的穿刺试验主要是集中在整果及果肉部分，Samuel 等对柑橘进行了穿刺试验研究，采用直径分别为 0.323 cm、0.632 cm、0.964 cm、1.27 cm、1.90 cm 和 2.540 cm 的探头，并建立了穿刺力和探头直径间的回归关系式；张谦益等用 TA - XT2i 型质地分析仪对货架期间的梨果肉进行了穿刺试验，表明梨果肉各质地参数在货架期间均呈下降趋势，TAP 各质地参数之间具有很高的相关性，可用其中任一指标来反映其复杂的质地。苹果质地的差异性分析，能够为其质量评估提供重要的参考，决定了苹果的食用价值。苹果质地的评价多采用仪器分析的方式，相比传统的感官评价方式，仪器分析所得参数的客观性与精确性都得到了提升，试验流程规范标准，将质地评估结果量化，更加直观简便。鲍黄贵对柑橘果皮进行了穿刺试验，表明柑橘上、中、下三个部位的果皮穿刺硬度和穿刺位移差异不显著，果皮试样的穿刺硬度都在 5 N 和 6 N 之间。

本章对果蔬果皮进行了穿刺试验，并采用不同加载速度及不同尺寸的压头，深入探讨了不同品种间果皮及整果的穿刺性质参数的差异及同一品种内果皮的穿刺性质参数与整果的穿刺性质参数的关系，为评价不同品种果蔬果皮品质提供相关的参数及穿刺损伤的难易程度提供参考依据。

5.2 相同压头果皮穿刺特性研究

5.2.1 试样材料及仪器

试验材料为成熟的丹霞、红富士和新红星苹果，果实于成熟时从山西省农科院果树研究所购买，试验仪器采用微机控制的电子万能试验机（INSTRON-5544，USA）。

5.2.2 试样制作及试验方法

分别在丹霞、红富士、新红星苹果向阳面和向阴面上取样，制成规格为24 mm×24 mm×*t* mm（*t* 为果皮试样厚度）的试样用于穿刺试验，向阳面和向阴面果皮试验样本数均为5。考虑到不同的穿刺压头可能会对果皮的穿刺强度产生影响，试验时分别采用直径为2 mm 和3.5 mm 的圆柱体压头进行穿刺；同时考虑到试验的测试速率过大会对测试样品产生较大的冲击作用，因而试验采取了0.1 mm/s、0.5 mm/s、1 mm/s 的加载速度。试样的夹具与果皮试样剪切时的夹具相同，试验仪器同果皮拉伸试验，苹果果皮的穿刺试验如图5-1所示。丹霞、红富士、新红星穿刺试样的厚度分别为（0.188±0.012）mm、（0.193±0.009）mm、（0.164±0.009）mm。

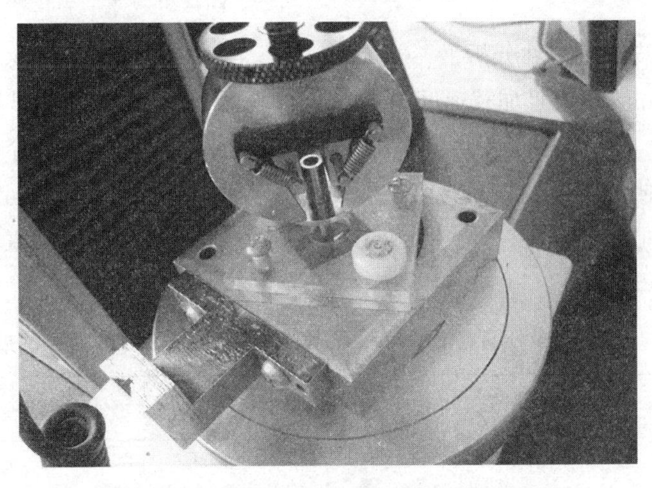

图5-1 苹果果皮的穿刺试验（附彩图）

5.2.3　试验结果与分析

（1）果皮穿刺载荷-位移曲线

采用 2 mm 压头在 1 mm/s 加载速度下果皮试样的穿刺强度-位移曲线如图 5-2 所示。从图 5-2 可知，果皮穿刺曲线上没有明显的屈服点，可近似为直线段，f 点为果皮试样穿刺破裂点，所对应的应力值可作为果皮的穿刺强度（P，N/mm^2）：

$$P = N_P / A \tag{5-1}$$

式中：N_P——试样穿破时的作用力，N；

A——试样穿破时的受力面积，m^2。

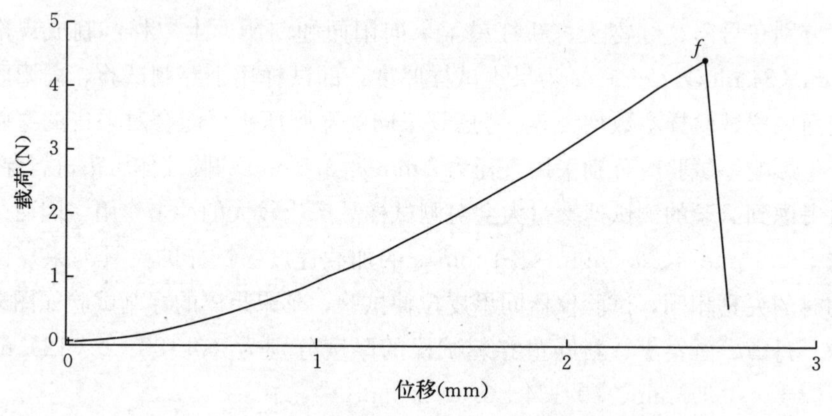

图 5-2　苹果果皮穿刺载荷-位移曲线

（2）果皮穿刺特性分析

采用 2 mm 压头且加载速度为 1 mm/s 时，果皮穿刺试验测试数据处理的结果见表 5-1。从表 5-1 可知，红富士和新红星果皮向阳面的穿刺强度均值均大于其向阴面的穿刺强度均值，丹霞果皮向阳面穿刺强度均值与其向阴面的穿刺强度均值差异不大；3 种果皮向阳面和向阴面穿刺强度的均值均以新红星果皮最大。

表 5-1　采用 2 mm 压头在 1 mm/s 加载速度下苹果果皮穿刺试验测试指标均值

品种	部位	果皮厚度（mm）	破裂抗力（N）	穿刺强度（N/mm^2）
丹霞	向阳面	0.19	3.08	0.98
	向阴面	0.17	2.86	0.91

（续）

品种	部位	果皮厚度（mm）	破裂抗力（N）	穿刺强度（N/mm²）
红富士	向阳面	0.19	3.80	1.21
	向阴面	0.20	2.49	0.79
新红星	向阳面	0.16	4.33	1.39
	向阴面	0.16	3.45	1.10

在2 mm压头下加载速度为1 mm/s时，对3种果皮相同部位的穿刺强度试验数据进行方差分析，采取95%的置信区间，获得3种果皮相对应部位穿刺强度的差异见表5-2。从表5-2可知，新红星果皮向阴面的穿刺强度与红富士果皮相对应部位的穿刺强度存在显著性差异（$P \leqslant 0.05$）；新红星果皮向阳面的穿刺强度与丹霞果皮相对应部位的穿刺强度也存在显著性差异（$P \leqslant 0.05$）；其他果皮相对应部位差异均不显著。

表5-2　采用2 mm压头在1 mm/s加载速度下苹果果皮穿刺强度的方差分析

模型项	F 值	$Pr>F$	R^2
新红星向阳面—红富士向阳面	0.36	0.566 5	0.042 76
新红星向阴面—红富士向阴面	10.03	0.013 3	0.556 27
新红星向阳面—丹霞向阳面	8.51	0.019 4	0.515 51
新红星向阴面—丹霞向阴面	1.47	0.260	0.155 18
红富士向阳面—丹霞向阳面	0.71	0.423 6	0.081 63
红富士向阴面—丹霞向阴面	0.70	0.425 9	0.080 86

5.3　不同压头果皮穿刺特性研究

5.3.1　试验方法

从丹霞、红富士、新红星整果上取下向阳面和向阴面果皮，分别在3种不同测试速率下进行穿刺试验，穿刺时采用直径为2 mm和3.5 mm的压头，不同压头不同加载速度下向阳面和向阴面的果皮试验样本数均为5。试验以果皮的破裂抗力及穿刺强度分析加载速度对果皮穿刺性质的影响。

5.3.2 试验结果与分析

采用2 mm压头在0.1 mm/s、0.5 mm/s加载速度下的穿刺试验测试数据处理的结果见图5-3。由图5-3可知，丹霞向阳面果皮在0.1 mm/s和0.5 mm/s加载速度下的穿刺强度均值分别为0.71 N/mm² 和0.88 N/mm²；向阴面果皮分别为0.61 N/mm² 和0.78 N/mm²；红富士向阳面果皮在0.1 mm/s和

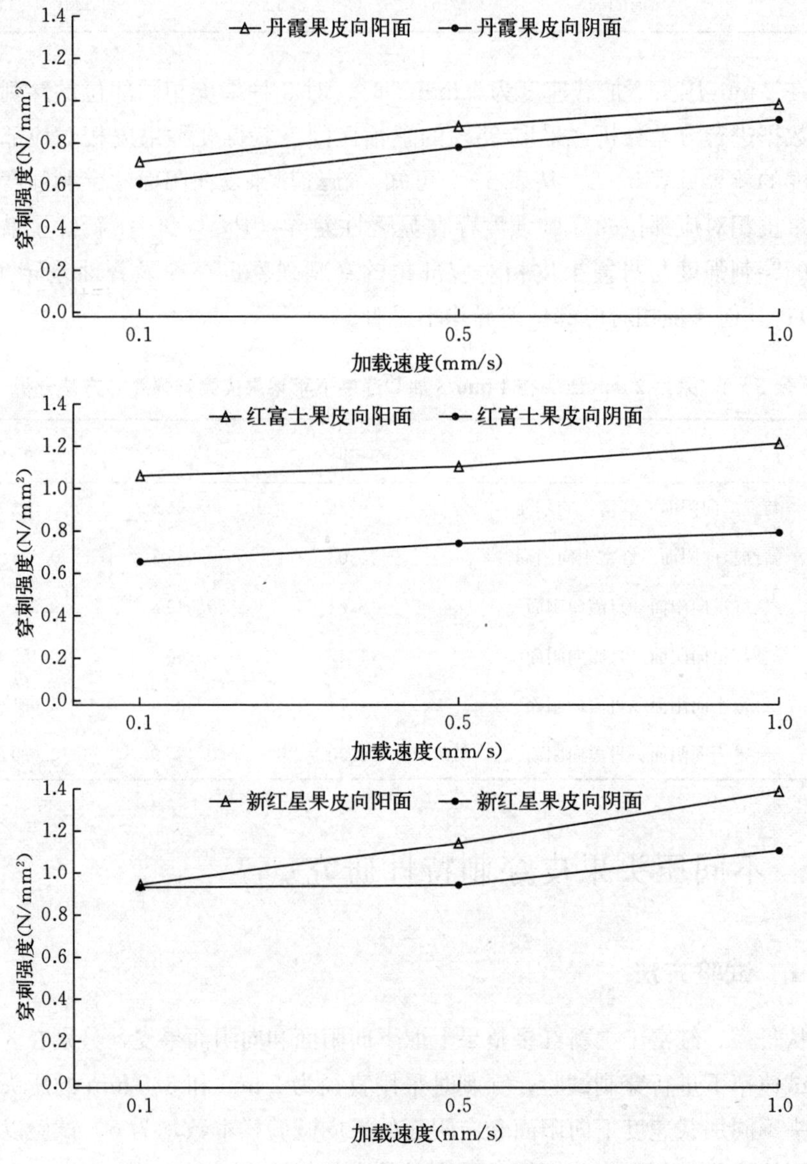

图5-3 2 mm压头苹果果皮不同加载速度下的穿刺强度

0.5 mm/s 加载速度下的穿刺强度均值分别为 1.06 N/mm^2 和 1.10 N/mm^2，向阴面果皮分别为 0.66 N/mm^2 和 0.74 N/mm^2；新红星向阳面果皮在 0.1 mm/s和 0.5 mm/s 加载速度下的穿刺强度均值分别为 0.94 N/mm^2 和 1.14 N/mm^2，向阴面果皮为分别为 0.93 N/mm^2 和 0.94 N/mm^2。果皮为软质材料，具有较明显的流动性质，因此，在不同加载速度下同种果皮及不同种果皮的穿刺强度均不相同。

从图 5-3 可知，采用 2 mm 压头时，丹霞、红富士、新红星向阳面或向阴面果皮的穿刺强度均随着加载速度的增大而增大；在相同加载速度下丹霞、红富士和新红星向阳面果皮穿刺强度均大于其向阴面果皮的穿刺强度；3 种果皮在同一加载速度下向阳面和向阴面果皮的穿刺强度均以新红星果皮最大。

采用直径为 3.5 mm 的圆柱体压头在 0.1 mm/s、0.5 mm/s、1 mm/s 加载速度下的穿刺试验测试数据处理的结果见表 5-3。

表 5-3　3.5 mm 压头不同穿刺速度下苹果果皮穿刺试验测试指标均值

品种	测试速度（mm/s）	破裂抗力（N）		穿刺强度（N/mm^2）	
		向阳面	向阴面	向阳面	向阴面
丹霞	0.1	4.21	5.18	0.438	0.539
	0.5	4.67	6.37	0.486	0.662
	1	5.08	5.48	0.528	0.570
红富士	0.1	3.08	3.27	0.320	0.340
	0.5	4.28	3.34	0.445	0.347
	1	3.94	3.52	0.409	0.366
新红星	0.1	4.87	5.13	0.506	0.534
	0.5	6.10	5.44	0.634	0.565
	1	5.79	4.85	0.602	0.504

从表 5-3 可知，采用直径为 3.5 mm 压头时，在不同加载速度下果皮的穿刺强度均不相同；不同品种间在 0.1 mm/s、0.5 mm/s、1 mm/s 的加载速度下 3 种果皮向阳面的穿刺强度均值均以新红星最大，向阴面果皮穿刺强度均值均以丹霞最大。同种果皮在不同的加载速度下，穿刺强度的差异不显著；在相同的加载速度下（0.5 mm/s 或 1 mm/s），丹霞和新红星果皮的穿刺强度与红富士的存在显著性的差异（$P \leqslant 0.05$）。

从以上的分析可知，果皮在不同穿刺压头同一加载速度下所获得的穿刺强度均值均不相同，同种果皮在相同加载速度下 2 mm 压头所获得的向阴面或向阳面穿刺强度的均值均大于其 3.5 mm 压头所获得的穿刺强度均值，且差异显著（$P \leqslant 0.05$）。

5.4 果皮穿刺质地对果实硬度贡献率分析

5.4.1 试样制作及试验方法

试验采取 3 种不同的加载速率（0.1 mm/s、0.5 mm/s 和 1 mm/s）和 2 种不同直径的压头（2 mm 和 3.5 mm）对 3 种苹果整果（丹霞、红富士、新红星）进行穿刺试验。苹果向阳面和向阴面穿刺试验的样本数均为 10。试验仪器同果皮拉伸试验，整果的穿刺试验如图 5-4 所示。

图 5-4 苹果整果穿刺试验（附彩图）

5.4.2 试验结果与分析

（1）整果穿刺载荷-位移曲线

采用 2 mm 压头在 1 mm/s 加载速度下整果穿刺强度-位移曲线如图 5-5 所示。从图 5-5 可以看出，穿刺试验加载的初始阶段压缩载荷随着变形的增加而呈近似的线性关系。当压缩载荷达到 g 点时，曲线上出现第一个峰值，点 g 可视为生物屈服点，即在加载的初始阶段压缩载荷使得苹果果肉细胞开始发生微观结构的破坏，但未对苹果的宏观结构产生损伤。压缩载荷继续增大时，穿刺的压缩变形进入了塑性阶段，这一阶段使得整果产生了不可恢复变形和损伤；当压缩载荷达到曲线第二个峰值所对应的 h 点时，苹果果皮产生破裂，点 h 可视为破裂点，表征着整果宏观结构发生破坏，其所对应的强度值可以作为整果的穿刺强度。

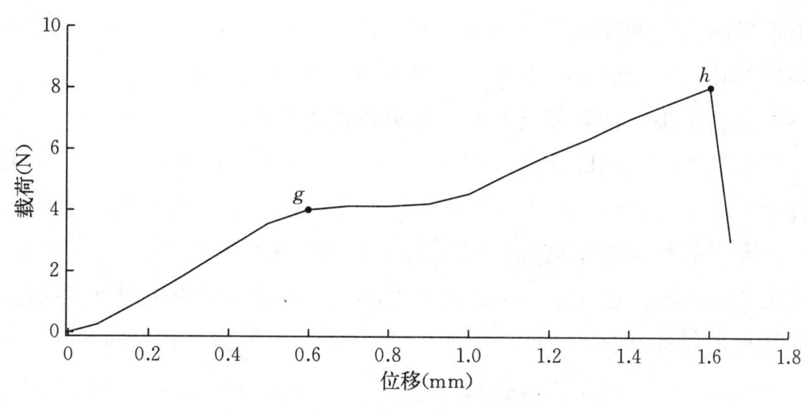

图 5-5 苹果整果穿刺载荷-位移曲线

(2) 整果穿刺特性分析

采用 2 mm 压头且加载速度为 1 mm/s 时，整果穿刺试验测试数据处理的结果见表 5-4。从表 5-4 中可知，丹霞和新红星苹果向阳面和向阴面的穿刺强度均值差异不大，红富士苹果向阳面和向阴面的穿刺强度均值差异较大；3 种苹果向阳面和向阴面穿刺强度的均值均以红富士苹果最大。对 3 种苹果整果相同部位的穿刺强度试验数据进行方差和显著性分析，并采取 95%的置信区间，获得 3 种苹果整果相对应部位穿刺强度的差异见表 5-5。从表 5-5 可知，

表 5-4 采用 2 mm 压头在 1 mm/s 加载速度下苹果穿刺试验测试指标均值

品种	部位	穿刺面积（mm^2）	破裂抗力（N）	穿刺强度（N/mm^2）
丹霞	向阳面	3.14	5.88	1.87
	向阴面	3.14	6.20	1.97
红富士	向阳面	3.14	8.11	2.58
	向阴面	3.14	6.68	2.13
新红星	向阳面	3.14	6.42	2.04
	向阴面	3.14	6.26	1.99

表 5-5 采用 2 mm 压头在 1 mm/s 加载速度下苹果整果穿刺强度的方差分析

模型项	F	$Pr>F$	R^2
新红星向阳面—红富士向阳面	14.19	0.001 7	0.470 10
新红星向阴面—红富士向阴面	0.28	0.604 6	0.017 14
新红星向阳面—丹霞向阳面	2.39	0.141 9	0.129 83
新红星向阴面—丹霞向阴面	0.18	0.681 0	0.010 83
红富士向阳面—丹霞向阳面	23.91	0.000 2	0.599 10
红富士向阴面—丹霞向阴面	2.05	0.171 5	0.113 53

红富士苹果向阳面的穿刺强度与新红星及丹霞苹果相对应部位的穿刺强度存在极显著性差异（$P \leqslant 0.01$）；3种苹果其他对应部位差异均不显著。

（3）穿刺压头和加载速度对整果穿刺性质的影响

试验采取3种不同的加载速率（0.1 mm/s、0.5 mm/s和1 mm/s）和2种不同直径的压头（2 mm和3.5 mm）对苹果整果进行穿刺试验，不同压头不同加载速度下的整果向阳面和向阴面的试验样本数均为10。

采用2 mm压头在0.5 mm/s和0.1 mm/s加载速度下的整果穿刺试验测试数据处理的结果见图5-6。由图5-6可知，丹霞整果向阳面在0.1 mm/s

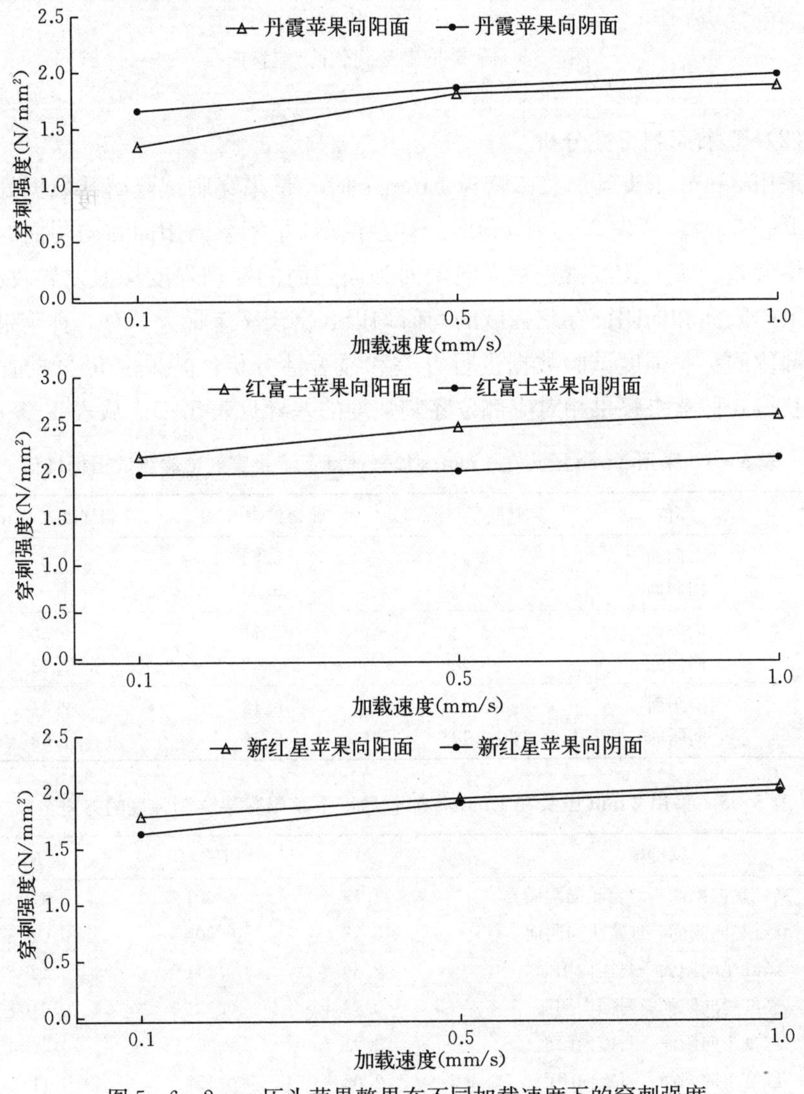

图5-6　2 mm压头苹果整果在不同加载速度下的穿刺强度

和0.5 mm/s加载速度下的穿刺强度均值分别为1.34 N/mm^{2}和1.81 N/mm^2；丹霞整果向阴面分别为1.66 N/mm^{2}和1.86 N/mm^2；红富士整果向阳面在0.1 mm/s和0.5 mm/s加载速度下的穿刺强度均值分别为2.15 N/mm^{2}和2.47 N/mm^2，红富士整果向阴面分别为1.97 N/mm^{2}和2.00 N/mm^2；新红星整果向阳面在0.1 mm/s和0.5 mm/s加载速度下的穿刺强度均值分别为1.79 N/mm^{2}和1.95 N/mm^2，新红星整果向阴面为分别为1.63 N/mm^{2}和1.91 N/mm^2。从图5-6可知，丹霞、红富士、新红星苹果整果向阳面或向阴面的穿刺强度均值随着加载速度的增大而增大；在相同加载速度下红富士和新红星苹果整果向阳面的穿刺强度均值均大于其向阴面的穿刺强度均值，而丹霞苹果整果向阳面的穿刺强度均值均小于其向阴面的穿刺强度均值；3种苹果在同一加载速度下整果向阳面和向阴面的穿刺强度均值均以红富士苹果最大。同一品种内，在1 mm/s与0.1 mm/s加载速度下整果的穿刺强度均值差异极显著（$P \leqslant 0.001$）；不同品种间，在相同加载速度下，红富士整果的穿刺强度均值与丹霞和新红星整果的穿刺强度均值均存在显著性的差异（$P \leqslant 0.05$）。

采用3.5 mm压头在0.1 mm/s、0.5 mm/s、1 mm/s加载速度下的整果穿刺试验测试数据处理的结果见表5-6。从表5-6可知，丹霞、红富士、新红星苹果整果向阴面或向阳面的穿刺强度均值均随着加载速度的增加而增大；红富士、新红星苹果整果在相同加载速度下向阳面的穿刺强度均值大于其向阴面的穿刺强度均值，而丹霞苹果整果则得到相反的结果；在相同的加载速度下3种苹果整果向阳面或向阴面的穿刺强度均值均以红富士最大。

表5-6　3.5 mm压头不同穿刺速度下苹果穿刺试验测试指标均值

品种	测试速度（mm/s）	破裂抗力（N）		穿刺强度（N/mm^2）	
		向阳面	向阴面	向阳面	向阴面
丹霞	0.1	8.99	9.78	0.93	1.02
	0.5	10.29	10.34	1.07	1.07
	1	10.57	12.22	1.10	1.27
红富士	0.1	14.49	11.09	1.51	1.15
	0.5	15.42	12.83	1.60	1.33
	1	15.28	13.46	1.59	1.40
新红星	0.1	10.08	9.01	1.05	0.94
	0.5	11.93	11.51	1.24	1.20
	1	12.45	11.98	1.29	1.25

从表5-6可知，同一品种内，在1 mm/s与0.1 mm/s的加载速度下整果穿刺强度的均值差异极显著（$P\leqslant0.001$）；不同品种间在相同加载速度下，红富士整果的穿刺强度均值与丹霞和新红星整果的穿刺强度均值均存在显著性的差异（$P\leqslant0.05$）。

从以上的分析可知，苹果整果在不同穿刺压头同一加载速度下所获得的穿刺强度均值均不相同。同种苹果整果在相同加载速度下采用2 mm压头所获得的向阴面或向阳面的穿刺强度均值均大于其采用3.5 mm压头所获得的穿刺强度均值，且差异极显著（$P\leqslant0.001$）。

(4) 果皮穿刺质地对果实硬度贡献率分析

对苹果果皮穿刺试验及苹果整果穿刺试验所得的试验结果分析比较可知，在相同压头同一加载速度下苹果果皮的穿刺强度均值小于苹果整果的穿刺强度均值。为了获得苹果果皮在苹果果实穿刺过程中的贡献率及分析比较不同品种苹果果皮贡献率的差异，对同一压头相同加载速度下同种苹果果皮与整果的穿刺强度均值进行百分比分析，结果如图5-7和图5-8所示。

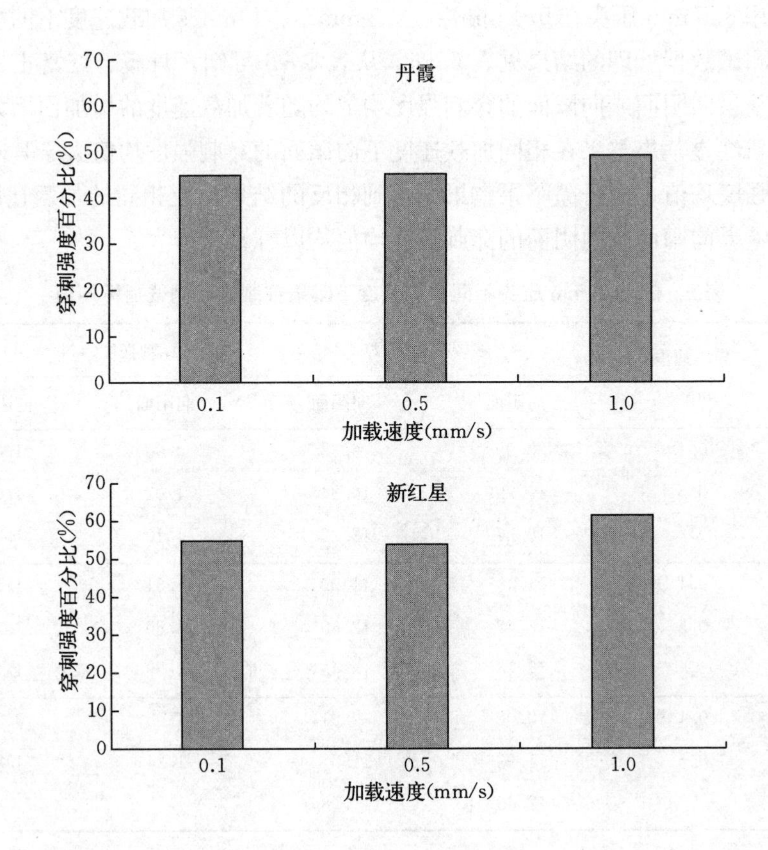

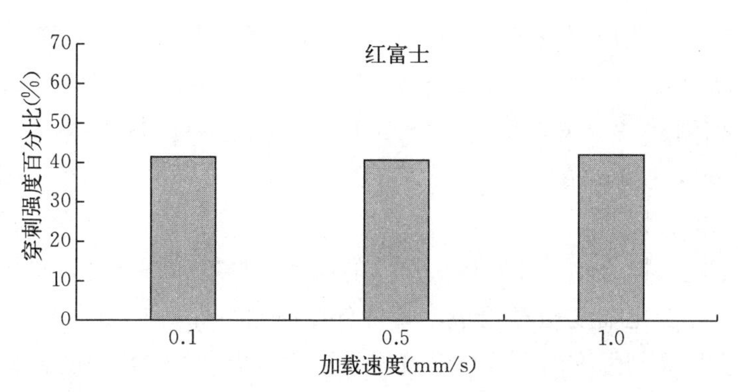

图 5-7 采用 2 mm 压头在不同加载速度下苹果果皮与整果穿刺强度的百分比

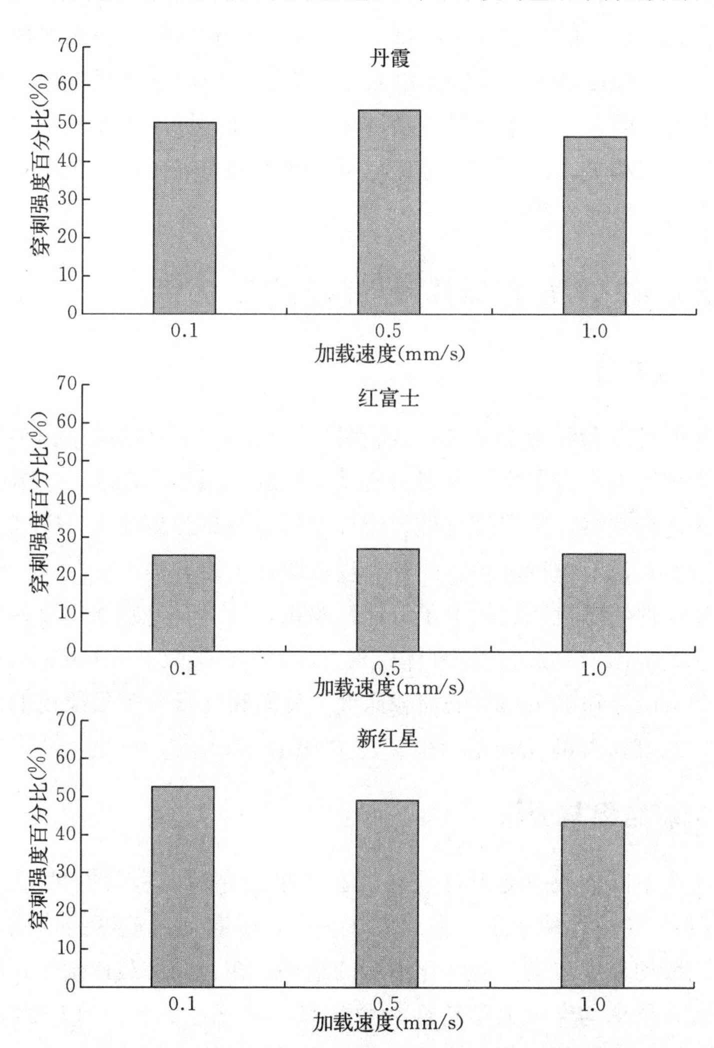

图 5-8 3.5 mm 压头在不同加载速度下苹果果皮与整果穿刺强度的百分比

由图 5-7 可知，在采取 2 mm 压头时丹霞果皮与丹霞整果穿刺强度百分比的范围为 44%～49.27%，红富士为 41.22%～42.61%，新红星为 54.67%～61.39%；由图 5-8 可知，采用 3.5 mm 压头时丹霞果皮与丹霞整果穿刺强度的百分比的范围为 46.28%～53.73%，红富士为 26%～27.93%，新红星为 43.53%～52.42%。

从以上的数据可知，随着压头尺寸的增大，丹霞和新红星果皮与整果穿刺强度的百分比变化幅度相对较小，其百分比值始终保持在 40%以上；而红富士果皮与整果穿刺强度的百分比随着压头尺寸的增大而降低幅度较大，在采用 3.5 mm 压头时其百分比值始终小于 28%；红富士果皮较丹霞和新红星果皮更易损伤，且在包装、贮运过程中红富士苹果更易受到果柄的穿刺损伤，但红富士在整果穿刺时强度最大，反映出红富士果肉比丹霞和新红星果肉质地更加紧密。多项研究表明，红富士苹果较新红星果实贮藏性好，果皮的组织结构与果实的耐贮性密切相关，而从以上分析也可反映出果肉的质地与果实的耐贮性密切相关。

5.5 果皮破裂抗力与压头直径的相关性

5.5.1 试验方法

试验选取丹霞和红富士苹果，试验时分别对同一个果实向阳面和向阴面赤道部位的果皮组织进行取样，制成直径为 31 mm 的圆形试样，并用放大镜对制成的试样进行观察，确定没有破裂或划痕后，立刻放置于 INSTRON—5544 试验机的楔形夹具上进行试验，同种果皮试验样本数均为 10。

试验仪器选用微机控制的电子万能试验机，试验时分别采用直径为 2 mm、3.5 mm、7.9 mm、11 mm 的圆柱体压头进行穿刺；采取了 0.1 mm/s、1 mm/s、5 mm/s、11 mm/s 和 17 mm/s 的加载速度。丹霞和红富士苹果果皮的厚度范围分别为（0.275±0.026）mm 和（0.257±0.028）mm。

5.5.2 试验结果与分析

不同压头不同加载速度下丹霞和红富士果皮穿刺试验数据见表 5-7，由表 5-7 可知，同一品种苹果，在相同压头下，随着加载速度的增加，果皮破裂抗力及刚度均呈现先增大后变化平缓的趋势；在相同加载速度下，随着压头直径的增大，果皮的穿刺力学特性参数间存在显著性的差异（$P \leqslant 0.05$）。不同品种苹果，在相同的加载速度下果皮的破裂抗力均以红富士最大。

表 5-7 不同加载速度下苹果果皮的破裂抗力和刚度

品种	加载速度 (mm/s)	破裂抗力（N）				刚度（N/mm）			
		2 mm	3.5 mm	7.9 mm	11 mm	2 mm	3.5 mm	7.9 mm	11 mm
丹霞	0.1	(3.69±0.63) cD	(5.60±0.68) cC	(12.29±1.90) cB	(14.99±1.29) cA	(2.33±0.23) cC	(2.87±0.37) cC	(4.93±0.42) cB	(5.99±1.13) cA
	1	(4.66±0.52) bD	(6.91±1.00) bC	(14.43±1.59) bB	(19.59±2.58) bA	(2.87±0.23) bD	(3.57±0.23) bC	(5.72±0.60) bB	(6.82±0.54) bA
	5	(5.38±0.51) aD	(8.78±0.71) aC	(17.85±1.82) aB	(23.82±2.82) aA	(3.21±0.34) aD	(4.52±0.27) aC	(6.83±0.64) aB	(8.95±0.71) aA
	11	(5.31±1.08) aD	(9.10±1.23) aC	(18.49±1.94) aB	(25.13±1.58) aA	(3.51±0.32) aD	(4.68±0.64) aC	(7.13±0.58) aB	(9.09±0.74) aA
	17	(5.41±0.85) aD	(9.05±0.82) aC	(19.00±2.25) aB	(25.32±2.46) aA	(3.24±0.44) aD	(4.71±0.32) aC	(7.29±1.00) aB	(9.19±1.15) aA
红富士	0.1	(4.13±0.56) cD	(6.64±1.14) cC	(13.89±2.09) cB	(19.18±3.89) cA	(2.26±0.25) cD	(3.13±0.45) cC	(5.17±0.87) cB	(6.17±0.95) cA
	1	(4.89±0.56) bD	(8.35±1.24) bC	(16.75±2.35) bB	(24.63±4.45) bA	(2.79±0.27) bD	(3.76±0.31) bC	(6.82±0.64) bB	(7.97±0.98) bA
	5	(5.89±0.44) aD	(9.16±1.03) aC	(19.82±2.67) aB	(27.23±3.25) aA	(3.18±0.43) aD	(4.69±0.50) aC	(8.13±0.62) aB	(9.84±1.47) aA
	11	(5.85±0.59) aD	(9.25±1.39) aC	(20.38±2.91) aB	(28.09±3.14) aA	(3.15±0.31) aD	(4.83±0.49) aC	(8.38±1.05) aB	(9.54±1.34) aA
	17	(5.76±0.77) aD	(9.07±1.30) aC	(19.68±2.36) aB	(27.16±2.37) abA	(3.19±0.32) aD	(4.75±0.69) aC	(8.02±0.87) aB	(10.22±1.20) aA

注：不同小写字母表示同一品种不同加载速度差异显著（$P \leqslant 0.05$）；不同大写字母表示不同品种相同加载速度差异显著（$P \leqslant 0.01$）。

为了确定在相同加载速度下果皮破裂抗力和压头直径之间的相关性，对所有试样的破裂抗力数据进行线性拟合，线性拟合公式为：

$$y=\beta x+k \tag{5-2}$$

式中：y——破裂抗力，N；

β——为拟合系数；

x——为穿刺压头直径，mm；

k——为线性拟合截距值。

表 5－8 为丹霞和红富士果皮在相同加载速度下，破裂抗力与压头直径线性拟合的系数、截距及决定系数。从表 5－8 可知，两个品种果皮线性拟合系数具有极显著性，决定系数 R^2 值大于 0.88，表明线性模型的拟合精度较高。从表 5－8 也可反映出，当压头直径不断增大时破裂抗力也呈线性增加，果柄尺寸越小越易对果实造成机械损伤。

表 5－8　苹果果皮线性拟合的系数、截距、显著性水平及决定系数

品种	加载速度 (mm/s)	拟合系数		截距项		R^2
		β	$Pr>\|t\|$	k	$Pr>\|t\|$	
	0.1	1.296 2	<0.000 1	1.233 6	0.004 5	0.929 7
	1	1.670 6	<0.000 1	1.208 2	0.019 1	0.937 7
丹霞	5	2.045 9	<0.000 1	1.475 5	0.008 9	0.950 5
	11	2.184 3	<0.000 1	1.180 9	0.014 4	0.967 3
	17	2.196 8	<0.000 1	1.247 3	0.010 8	0.967 0
	0.1	1.668 6	<0.000 1	0.781 3	0.271 1	0.882 0
	1	2.146 5	<0.000 1	0.567 5	0.487 4	0.902 4
红富士	5	2.383 7	<0.000 1	0.983 0	0.147 6	0.944 1
	11	2.485 4	<0.000 1	0.729 3	0.300 1	0.943 9
	17	2.387 9	<0.000 1	0.848 9	0.138 1	0.959 8

5.6　不同种类果蔬果皮穿刺性质研究

果蔬果皮质地作为果实品质的一项重要指标，直接关系到运输和贮藏过程中果实抵抗机械损伤及果实与果梗之间穿刺局部损伤的能力；同时果皮质地也是影响其果实硬度的主要因素之一；该研究旨在丰富和完善果蔬果皮质地评价内容，使之更为客观准确；同时为更好地评价不同品种果蔬在贮运过程中穿刺损伤的敏感性提供参考依据。

5.6.1 不同种类果皮含水率的测定

果蔬果皮作为生物材料，其本身的含水率会影响试验条件的选择，因此，本研究对不同品种果蔬果皮含水率进行了测定，为试验条件的选择提供参考依据。

（1）试验材料及方法

试验材料为成熟期的台农芒果、酥梨、长茄子，其果皮无病虫害和机械损伤，每个品种均取5个果实进行试验。并将制成的果皮试样放入温度为60℃的DHG-9023A型电热恒温鼓风干燥箱干燥，每隔60 min取出试样称重，直至样品达到恒重，即认为样品达到全干。然后将试样从干燥箱中取出放入装有变色硅胶的玻璃干燥器中，待试样冷却至室温后取出称量，计算其含水率，重复3次取其均值。其含水率的计算公式如下：

$$含水率=\frac{初始鲜重-最后干重}{初始鲜重}\times 100\% \tag{5-3}$$

（2）试验结果与分析

图5-9为部分果蔬果皮的干燥试样，果蔬果皮含水率的测定值如表5-9所示。由表5-9可知，酥梨、台农芒果、长茄子果皮试样的含水率分别为15.92%、11.74%、19.18%，从上述数据可知，果皮组织结构的含水率远小于其果肉组织的含水率。

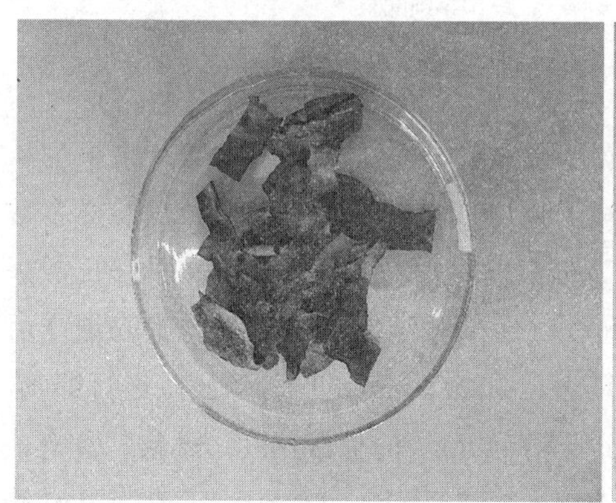

图5-9 果蔬果皮干燥的部分试样

表 5-9　果蔬果皮的含水率

品种	含水率（%）
酥梨	15.92
台农芒果	11.74
长茄子	19.18

5.6.2　不同种类果皮穿刺性质研究

（1）试样制作及方法

分别在果蔬果皮上取样，制成圆形试样用于穿刺试验，如图 5-10a 所示。考虑到不同的穿刺压头可能会对果皮的破裂抗力产生影响，试验时采用直径不同的圆柱体压头对果皮进行穿刺；同时考虑到试验的加载速度会对测试样品产生冲击作用，因而试验采取了不同的加载速度。

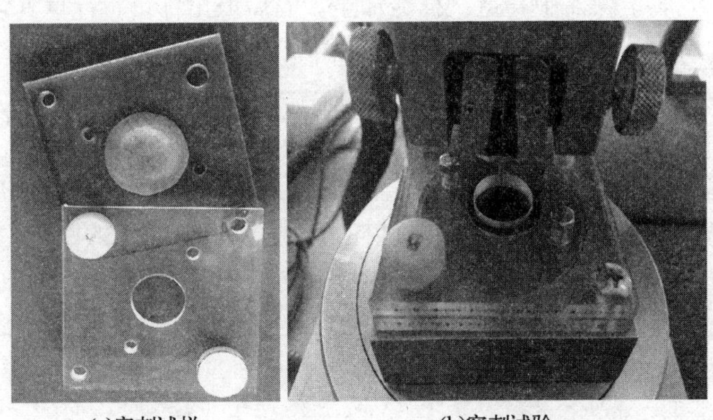

(a)穿刺试样　　(b)穿刺试验

图 5-10　穿刺果皮试样和穿刺试验（附彩图）

试验材料选取成熟期的酥梨、台农芒果、长茄子，取样时用刀片将果皮从果实上取下，并制成直径为 31 mm 的圆形果皮试样进行穿刺试验，试验样本数均为 6。试验仪器选用微机控制的电子万能试验机，考虑到台农芒果和长茄子采摘后容易失水，同时为了减少试验时间，保证试验结果的可靠性，制取试样后立刻进行试验，试验时分别采用直径为 2 mm 和 3.5 mm 的圆柱体压头进行穿刺，分别选用 0.01 mm/s、0.1 mm/s、1 mm/s 和 5 mm/s 的加载速度，酥梨、台农芒果、长茄子果皮的厚度范围分别为（0.917±0.14）mm、（0.805±0.07）mm 和（0.604±0.037）mm，果皮的穿刺试验如图 5-10b 所示。

(2) 试验结果与分析

不同压头不同加载速度下酥梨、台农芒果和长茄子果皮的穿刺力学特性如图 5-11 所示。由图 5-11 可知，当加载速度为 0.01 mm/s 时，酥梨、台农芒果和长茄子果皮的破裂抗力值最小，加载速度 5 mm/s 时的值最大；3 种果皮的穿刺强度随着加载速度和压头直径的增大而增大；在相同压头下，台农芒果果皮的破裂抗力最大，酥梨果皮最小，表明在贮运过程中 3 种果皮损伤的敏感性从高到低依次为酥梨、长茄子、台农芒果。运用 SAS 分析软件进行方差分析可知，同一品种相同压头不同加载速度下，长茄子果皮在不同加载速度下的破裂抗力差异不显著；台农芒果果皮在加载速度 5 mm/s 时与 0.01 mm/s 时的破裂抗力存在显著性的差异（$P \leqslant 0.05$）；酥梨果皮在 2 mm 压头加载速度为 5 mm/s时的破裂抗力与其他加载速度时存在显著性的差异（$P \leqslant 0.05$），在 3.5 mm 压头不同加载速度下的破裂抗力差异不显著；在 2 mm 压头相同加载速度下，3 种果皮的破裂抗力存在显著差异（$P \leqslant 0.05$）；在 3.5 mm 压头下，加载速度 1 mm/s 时，台农芒果与长茄子、酥梨果皮破裂抗力存在显著性差异（$P \leqslant 0.05$），加载速度 5 mm/s 时，台农芒果、长茄子、酥梨果皮破裂抗力存在显著性差异（$P \leqslant 0.05$），其余不显著。

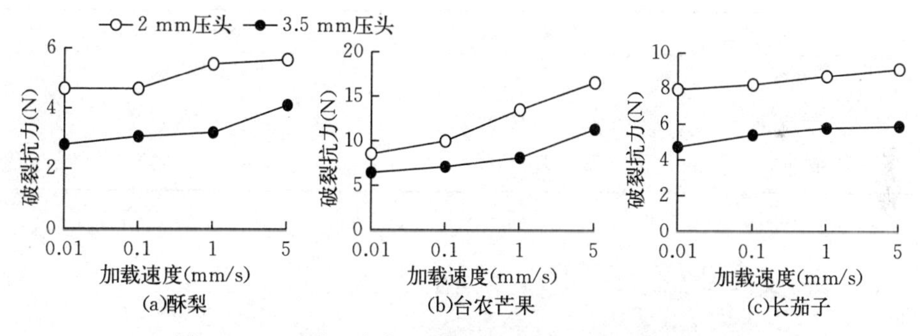

图 5-11　酥梨、台农芒果和长茄子果皮的穿刺力学特性

5.6.3　不同种类果皮化学组分的测定

为了探究不同品种果蔬果皮力学特性的差异，对果皮细胞壁可溶性果胶和原果胶组分进行了测定。果胶是构成细胞初生壁和中胶层的主要成分，主要包括原果胶、果胶酸甲酯和果胶酸等形式，广泛分布于植物果实、根茎和叶中。果胶与纤维素以及金属离子等物质相结合形成不溶于水的原果胶，使得果实显得坚实、脆硬。

(1) 试验材料、仪器及方法

试验材料为成熟期的酥梨、台农芒果、长茄子。试验时在果蔬果皮上取样，切成适当的小段备用，取0.1g组织（烘干且过筛后的粉末组织可取0.01g），加1.5 mL的80%乙醇，研磨匀浆，85 ℃水浴10 min（及时补充80%乙醇至1 mL），取出流水冷却后，8 000 r/min，25 ℃离心10 min，弃上清液，留沉淀；向沉淀中加入1 mL的80%乙醇，混匀，85 ℃水浴10 min（及时补充80%乙醇至1 mL），取出流水冷却后，8 000 r/min，25 ℃离心10 min，弃上清液，留沉淀；再向沉淀中加入1 mL蒸馏水，混匀，50 ℃水浴30 min，流水冷却至室温，8 000 r/min，25 ℃离心10 min，弃上清液，留沉淀；向沉淀中加入1 mL提取液，混匀，95 ℃水浴60 min，流水冷却至室温，8 000 r/min，25 ℃离心10 min，取上清液待测，将制好的试样采用酶标仪测定。

(2) 试验结果与分析

3种果蔬果皮可溶性果胶和原果胶的含量的测定结果如表5-10所示。由表5-10可知，3种果皮的可溶性果胶和原果胶的含量差异不大，以上两种果胶含量最低的为酥梨果皮，表明酥梨果皮的坚实度相对其他果皮较低，这与穿刺试验获得酥梨果皮破裂抗力较低相一致。

表5-10 果蔬果皮的可溶性果胶和原果胶的含量

品种	可溶性果胶（%）	原果胶（%）
酥梨	10.89	15.21
台农芒果	11.22	15.71
长茄子	11.87	16.21

5.7 果皮P2探头TPA穿刺力学特性分析

5.7.1 试验材料、仪器及方法

试验选用丹霞、红富士、国光3个苹果品种，采摘于山西省农科院果树研究所。试验时挑选形状规则、无病虫害、表面无损伤且向阴面和向阳面明显的果实，为了研究苹果果皮不同穿刺部位的穿刺强度，分别对同一个果实向阴面和向阳面赤道部位的果皮组织进行取样，采用电子游标卡尺测量果皮厚度，保证厚度在0.3 mm左右，用放大镜对制成的试样进行观察，确定没有破裂或划痕后，立刻放置在夹具上进行试验，避免水分流失对试验结果产生影响。

试验仪器选用Stable Micro Systems公司生产TA. XT plus型质构仪，采

用P2针状探头（直径2 mm），测前速度5 mm/s，测后速度5 mm/s，最小感知力5 g，分别选用0.01 mm/s、0.1 mm/s、0.5 mm/s、1 mm/s、1.5 mm/s、2 mm/s、5 mm/s、9 mm/s、13 mm/s、17 mm/s的加载速度，同一品种每个速度下取10个试样进行重复试验，试样破裂时，停止试验。苹果果皮TPA穿刺试验如图5-12所示。

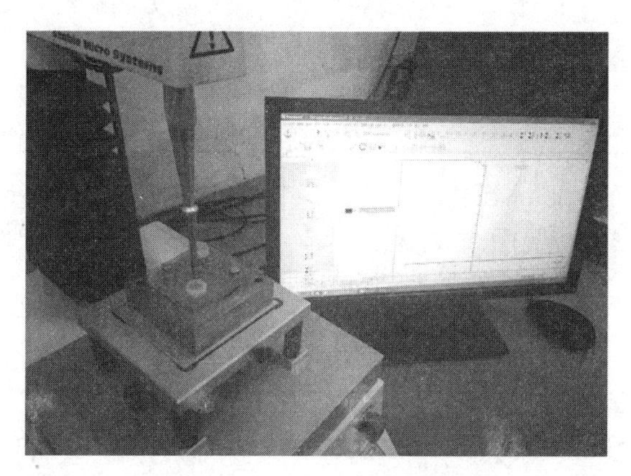

图5-12 苹果果皮TPA穿刺试验

5.7.2 试验结果与分析

不同品种苹果的质量、几何尺寸及差异性分析结果如表5-11所示。

表5-11 不同品种苹果质量及尺寸参数

品种	质量（g）	横径（mm）	纵径（mm）	赤道处周长（mm）
丹霞	155.2±16.9b	68.8±4.4b	62.0±4.9a	226.4±8.0b
红富士	195.6±31.3a	75.7±5.0a	62.0±5.5a	249.5±12.4a
国光	120.0±24.2c	67.0±4.8c	51.4±4.1c	218.8±15.4c

注：不同小写字母表示不同品种质量、横径、纵径、赤道处周长差异显著（$P\leqslant0.05$）。

由表5-11可知，丹霞与红富士纵径差异不显著，其余情况下，不同品种的苹果在质量、横径、纵径、赤道处周长上都存在极显著差异（$P\leqslant0.01$）。该数据可为之后针对品种的穿刺力学强度分析提供参考。

不同加载速度下，同一品种不同穿刺部位的果皮P2探头穿刺强度-速度折线图如图5-13所示。同一品种苹果不同速度下P2探头穿刺强度的增长率如表5-12所示。

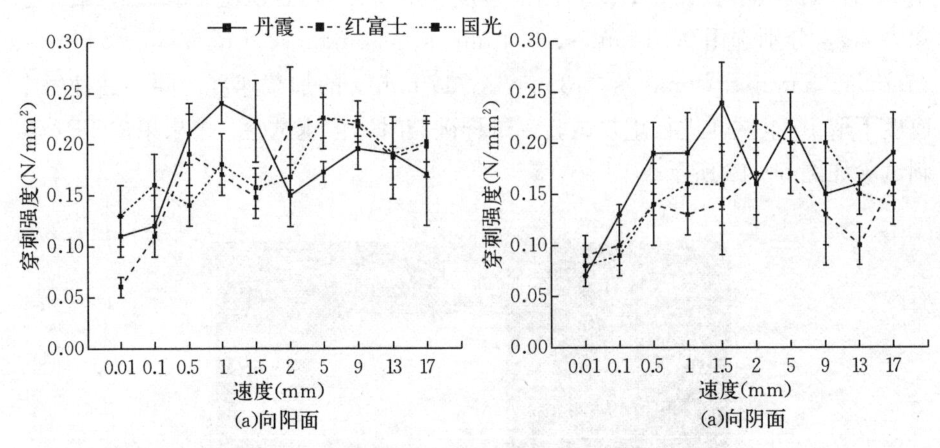

图 5-13　苹果果皮不同速度下的 P2 探头穿刺强度

表 5-12　不同加载速度下苹果果皮 P2 探头穿刺强度增长幅度

加载速度（mm/s）	增长幅度（%）		
	丹霞	红富士	国光
0.01～0.1	38	40	19.05
0.1～0.5	60	57.14	12
0.5～1	7.5	21.21	21.42
1～1.5	7.35	−4.30	−7.18
1.5～2	−0.49	0.25	0.18
2～5	0.21	0.03	0.09
5～9	−0.14	−0.14	−0.01
9～13	0.30	−0.20	−0.25
13～17	0.02	0.19	0.02

（1）同一品种果皮不同穿刺部位 P2 探头的力学特性

由图 5-13 可知，随着加载速度增大，向阳面果皮穿刺强度均大于向阴面果皮穿刺强度。同一品种不同穿刺部位下，在 0.01～1 mm/s 加载速度区间，果皮穿刺强度逐步增大；1～5 mm/s 加载速度区间，果皮穿刺强度出现最大值，折线图先下降后上升；5～9 mm/s加载速度区间，折线图先下降后上升。从图 5-13 还可知，向阳面果皮穿刺强度-速度折线图出现了两个峰，其中丹霞品种的向阳面及向阴面果皮穿刺强度-速度折线图中第二个峰值大于第一个峰值，最大穿刺强度出现在 1～1.5 mm/s 加载速度区间；红富士品种与国光品种的向阳面果皮穿刺强度-速度折线图中第一个峰值大于第二个峰值，向阴面果皮穿刺强度-速度折线图未出现两个峰，最大穿刺强度出现在 2～9 mm/s 加载速度区间。向阳面果皮穿刺强度-速度折线图的规律性较强。

由表 5 - 12 可知，丹霞品种与红富士品种果皮穿刺强度在 0.01～0.5 mm/s 加载速度区间内增长幅度较大，在 0.5～1 mm/s 加载速度区间内增长幅度减小，国光果皮穿刺强度增长幅度持续上升；在 1～13 mm/s 加载速度区间内，3 个品种果皮穿刺强度均出现了负增长状态。采取 95%的置信区间，对同一品种相同加载速度果皮向阴面和向阳面穿刺强度进行方差分析，不同品种的苹果果皮穿刺强度受穿刺部位影响均极显著（$P \leqslant 0.01$）。

（2）同一品种果皮不同加载速度下 P2 探头的穿刺特性

不同品种苹果果皮在 0.01 mm/s、0.1 mm/s、0.5 mm/s、1 mm/s、1.5 mm/s、2 mm/s、5 mm/s、9 mm/s、13 mm/s、17 mm/s 加载速度下的 P2 探头穿刺强度及其差异性分析结果如表 5 - 13 所示。丹霞品种，0.5 mm/s 与 1 mm/s、1.5 mm/s、5 mm/s、9 mm/s、13 mm/s、17 mm/s，1 mm/s 与 1.5 mm/s、5 mm/s，1.5 mm/s 与 5 mm/s，2 mm/s与 9 mm/s、13 mm/s、17 mm/s 加载速度下的穿刺强度差异不显著，5 mm/s、9 mm/s、13 mm/s、17 mm/s 加载速度下的穿刺强度差异互不显著，其他情况下穿刺强度均存在显著差异（$P \leqslant 0.05$）；对红富士品种，0.1 mm/s 与 13 mm/s，0.5 mm/s 与 1 mm/s、1.5 mm/s、2 mm/s、5 mm/s、9 mm/s、13 mm/s、17 mm/s，1 mm/s 与 1.5 mm/s、2 mm/s、9 mm/s、13 mm/s、17 mm/s，1.5 mm/s 与 9 mm/s、13 mm/s，2 mm/s 与 5 mm/s、9 mm/s、13 mm/s、17 mm/s，5 mm/s 与 9 mm/s、13 mm/s加载速度下的穿刺强度差异不显著，9 mm/s、13 mm/s、17 mm/s加载速度下的穿刺强度差异互不显著，其他情况下穿刺强度均存在显著差异（$P \leqslant 0.05$）；对国光品种，0.01 mm/s 与 0.1 mm/s，0.1 mm/s 与 0.5 mm/s，1 mm/s 与 2 mm/s、13 mm/s、17 mm/s，1.5 mm/s 与 13 mm/s、17 mm/s，2 mm/s 与 5 mm/s、9 mm/s、13 mm/s、17 mm/s，5 mm/s 与 9 mm/s，13 mm/s 与 17 mm/s 加载速度下的穿刺强度差异不显著，其他情况下穿刺强度均存在显著差异（$P \leqslant 0.05$）。

由图 5 - 13 知，在 0.01 mm/s 加载速度下 3 个品种苹果果皮不同穿刺部位的穿刺强度均为最小值，试验过程中果皮破裂无明显声响，因此与其他加载速度下果皮穿刺强度存在差异；0.1～0.5 mm/s、1.5～2 mm/s、13～17 mm/s 加载速度区间内，果皮穿刺强度均处于下降后的低谷区，差异较小；0.5～1.5 mm/s、2～9 mm/s 加载速度区间内，果皮穿刺强度均处于上升后的峰值区，差异较小。

由图 5-13 还可得，丹霞品种果皮穿刺强度在 1～1.5 mm/s 加载速度区间内最大，红富士与国光果皮穿刺强度在 2～5 mm/s 加载速度区间内最大。分析不同加载速度下果皮穿刺力学特性的变化，对果皮力学强度进行分析，降低采摘机械对果实的损伤，为苹果采摘提供了数据支持。

(3) 不同品种果皮相同加载速度的 P2 探头穿刺特性

由表 5-13 可知，0.01 mm/s 加载速度下，丹霞品种与红富士品种、红富士品种与国光品种的果皮穿刺强度存在极显著差异（$P\leqslant0.01$）；0.5 mm/s 加载速度下，丹霞品种与国光品种的果皮穿刺强度存在极显著差异（$P\leqslant0.01$）；1 mm/s 加载速度下，丹霞品种与红富士品种、丹霞品种与国光品种的果皮穿刺强度存在极显著差异（$P\leqslant0.01$）；1.5 mm/s、2 mm/s、5 mm/s、13 mm/s 加载速度下，丹霞品种与红富士品种的果皮穿刺强度存在显著差异（$P\leqslant0.05$），其他情况下均差异不显著。

表 5-13　苹果果皮 P2 探头穿刺强度差异性分析

速度（mm/s）	穿刺强度（N/mm^2）		
	丹霞	红富士	国光
0.01	0.09±0.03 Ae	0.07±0.02Be	0.11±0.03 Af
0.1	0.12±0.02 Ad	0.11±0.03 Ad	0.13±0.05 Aef
0.5	0.20±0.03 Aab	0.16±0.05 Aabc	0.14±0.02Be
1	0.21±0.04 Aa	0.15±0.03Bbc	0.17±0.03Bbd
1.5	0.23±0.04 Aa	0.14±0.03Bc	0.16±0.03 ABc
2	0.15±0.03 Bdc	0.19±0.05Aab	0.19±0.03 ABab
5	0.19±0.03 Babc	0.20±0.04Aa	0.21±0.02 Aa
9	0.17±0.04 Bbc	0.17±0.06Babc	0.21±0.02 Aa
13	0.18±0.02 Abc	0.14±0.05Bbcd	0.17±0.03 ABbc
17	0.18±0.05 Abc	0.18±0.03Aab	0.17±0.04 ABbc

注：不同小写字母表示同一品种不同加载速度差异显著（$P\leqslant0.05$）；不同大写字母表示不同品种相同加载速度差异显著（$P\leqslant0.05$）。

(4) 品种、穿刺部位、加载速度与穿刺强度相关性分析

果实品种、穿刺部位、加载速度对果皮穿刺强度的影响进行了相关性分析，结果如表 5-14 所示。穿刺强度与穿刺部位呈极显著负相关，相关系数为 0.24，结合同一品种不同穿刺部位的力学特性分析结果，不同部位果皮穿刺强度差异极显著，向阳面果皮穿刺强度大于向阴面；穿刺强度与加载速度呈极显

著正相关，相关系数为0.23，结合同一品种不同加载速度的穿刺特性分析结果，果皮穿刺强度随着加载速度的增加而增加。

表5-14　苹果果皮P2探头穿刺相关性分析

	品种	穿刺部位	加载速度	穿刺强度
品种	1			
穿刺部位	0.0	1		
加载速度	−0.01	0.00	1	
穿刺强度	−0.06	−0.24**	0.23**	1

注：** 表示在0.01水平（双侧）上极显著相关。

5.8　果皮P5探头TPA穿刺力学特性分析

5.8.1　试验材料、仪器及方法

试验选用丹霞、红富士2个苹果品种，试验仪器为TA.XT plus型质构仪，采用P5探头（直径5 mm），测前速度5 mm/s，测后速度5 mm/s，最小感知力5 g；分别选用0.01 mm/s、0.1 mm/s、1 mm/s、5 mm/s、9 mm/s、13 mm/s的加载速度，同一品种每个速度下取10个试样进行重复试验，试样破裂时，停止试验。苹果果皮在不同加载速度下P5探头的穿刺强度及其差异性分析如表5-15所示。

表5-15　不同加载速度下苹果果皮P5探头的穿刺强度

品种	速度（mm/s）	穿刺强度（N/mm²）	品种	速度（mm/s）	穿刺强度（N/mm²）
丹霞	0.01	7.44 Ab	红富士	0.01	5.73Bb
	0.1	11.24 Aab		0.1	6.43Bb
	1	10.31 Ab		1	6.85Bab
	5	9.96 Ab		5	7.63Ba
	9	11.70 Aab		9	6.83Bab
	13	13.03 Aa		13	9.38Ba

注：不同小写字母表示同一品种不同加载速度差异显著（$P \leqslant 0.05$）；不同大写字母表示不同品种相同加载速度差异显著（$P \leqslant 0.05$）。

5.8.2　试验结果与分析

（1）同一品种不同加载速度下P5探头的穿刺特性

由表 5-15 可知，随着加载速度的增大，同一品种苹果果皮的穿刺强度先增大后减小再增大，在 13 mm/s 加载速度下穿刺强度最大，在 0.01 mm/s 加载速度下最小；最大值与最小值之间存在显著性的差异（$P \leqslant 0.05$）。

（2）不同品种相同加载速度 P5 探头的穿刺特性

由表 5-15 可知，不同品种苹果果皮在相同加载速度下丹霞果皮的穿刺强度均值均大于红富士果皮，且存在显著性的差异（$P \leqslant 0.05$）；表 5-16 为不同品种对苹果果皮穿刺强度的影响率，由表 5-16 可知，丹霞果皮穿刺强度的影响率高于红富士果皮，表明丹霞果皮抵抗外载荷损伤的能力强于红富士果皮。

表 5-16　不同品种对苹果果皮穿刺强度的影响率

品种	穿刺强度的影响率
丹霞	0.24
红富士	0.2

第6章　果蔬果皮流变力学性质研究

6.1　概述

果蔬果皮的流变特性不仅与果实品质紧密相关，而且可为果品的加工、贮藏及工程设计提供重要依据。但果蔬在生长过程中果皮表面碎裂损伤会严重影响果实的外观品质，降低果蔬的商品价值；同时果皮也是果蔬在采收、运输、包装、贮藏及加工过程中最易损伤的部分。因此，研究果蔬果皮的流变特性不仅对果蔬品种的优育及其质地评价体系的完善具有重要意义，而且可为果蔬的采收、加工、包装、运输及贮藏等系统装备的设计提供参考依据。

近年来，国内外学者对果蔬的流变特性进行了许多研究，一方面集中在对果蔬整果进行压缩应力松弛和蠕变特性的试验，另一方面集中在对果蔬果肉流变特性的试验研究。李小昱等对苹果进行了松弛试验，建立了苹果松弛的三元件 Maxwell 模型，发现苹果损伤的体积与其变形量及变形速率密切相关；孙骊等通过对苹果贮存过程中接触面静载损伤的研究，表明苹果的贮存损伤可用其蠕变特征来描述；李小昱等提出苹果蠕变损伤体积与其蠕变数学模型的黏弹性系数有着显著的线性相关关系；方媛等采用四元件伯格斯模型描述红富士苹果整果的蠕变特性，探讨了蠕变模型参数与苹果 TPA 和营养成分含量的相关性；Loredo 等通过偏最小二乘回归分析，表明苹果的质地可以通过其流变特性进行预测；Chakespari 等对两种苹果进行了应力松弛和蠕变特性试验，分别建立了苹果松弛应力和蠕变的数学模型。杨玲等研究了苹果果肉松弛和蠕变数学模型参数随贮藏时间的变化规律，表明果肉的流变特性能反映果肉质地的变化状况；Varela 等对质地特性不同的两种苹果果肉在贮藏 0 d 和 14 d 时进行流变特性的测定，发现果肉力学特性的变化可用其流变特性来检测；Vicente 等研究了苹果果肉组织渗透脱水后的流变特性，发现其蠕变柔量增大，而松弛时间减小。陆秋君对常温贮藏的番茄进行流变力学性质试验表明，应力松弛参数指标即平衡弹性模量、衰变弹性模量、松弛时间、阻尼器黏滞系数均随贮藏时间呈现一定的变化规律，即先下降后逐渐上升至最高峰后一直下降，但松弛特性指标与番茄果实的大小没有关系；黄祥飞等分析了梨果实振动损伤对其蠕变特性的影响，表明振动导致了梨果实损伤体积、振动后蠕变量的增大。

果蔬果实作为黏弹性物料，受力后将会呈现出流变力学性质，本章以果蔬果皮为试验对象，进行了应力松弛和蠕变特性的试验研究，应用流变学理论对获得的试验数据建立了果皮的流变模型，采用主成分分析方法探究了不同品种果皮黏弹性的差异，旨在为果蔬收获、运输、加工等机械的设计提供参考依据，为不同品种果蔬碎裂损伤的难易程度提供理论依据，丰富果皮质地评价体系，以期为果蔬优种的选育及质地的评价提供参考依据。

6.2 相同加载速度果皮流变特性研究

6.2.1 相同加载速度果皮应力松弛特性研究

（1）试验材料、仪器及方法

试验材料为成熟后的丹霞、红富士、新红星苹果，3 个品种均来自于山西省农科院果树研究，试验研究了不同品种向阳面和向阴面果皮纵向应力松弛特性的差异。取样时选取大小均匀、形状规则、果皮向阳面和向阴面可明显区分、无病虫害和机械损伤的果实。根据第二章介绍的试样制取方法获得果皮试验试样，再按照果皮拉伸试验方法将果皮夹持在试验机上进行应力松弛试验，试验装置同果皮拉伸试验。对苹果果皮拉伸时获得的拉伸曲线图及拉伸性质指标数据分析，设定该试验的加载速度为 1.0 mm/min，加载载荷为0.5 N，即当载荷达到 0.5 N 停止加载后一直保持果皮弹性变形范围的变形量，测得应力与时间的函数关系，同种果皮同一部位的取样样本数均为 5。

（2）试验原理

生物材料最主要的特点在于有时效性，即受力后的变形随时间变化明显，当生物材料受到外力作用产生变形后，停止加载时，随着时间的延迟部分变形可以完全弹性恢复的现象。如果生物材料既具有弹性，又具有流动的性质则可称之为黏弹性体，如苹果、梨、桃等。黏弹性体虽然在受力变形时存在着恢复变形的弹性应力，但由于其内部粒子具有流动的性质，在其内部应力的作用下，各部分粒子流动到平衡位置，产生永久变形时，其内部的应力也就消失，这一现象称为应力松弛。生物材料松弛应力是指给黏弹性体瞬时加载载荷，并使其发生相应变形，然后保持这一变形，其内部应力变化的过程，如图 6－1 所示，τ_M 为应力松弛时间，表示应力松弛快慢。

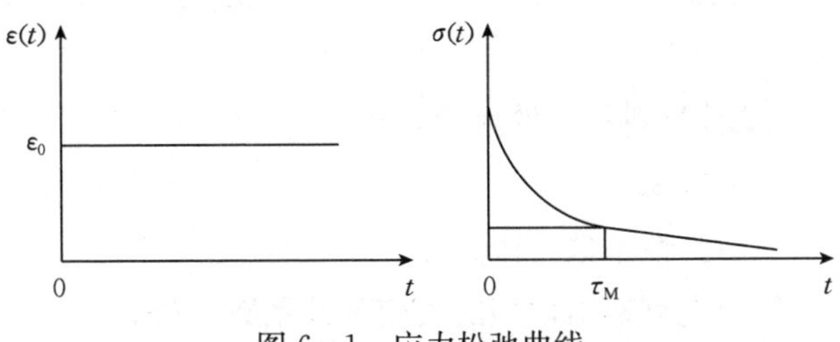

图 6-1　应力松弛曲线

图 6-2 为果皮应力松弛的典型曲线，应力松弛过程可用三个阶段来描述。第一阶段（*ab* 段）是在外加载荷的作用下在很短的时间内（瞬间）发生的弹性变形阶段；第二阶段（*bc* 段）是应力松弛阶段，此时变形量保持不变，应力不断衰变；第三阶段（*cd* 段）是恢复阶段，当松弛阶段结束时，忽然撤去外加载荷，此后材料开始恢复。

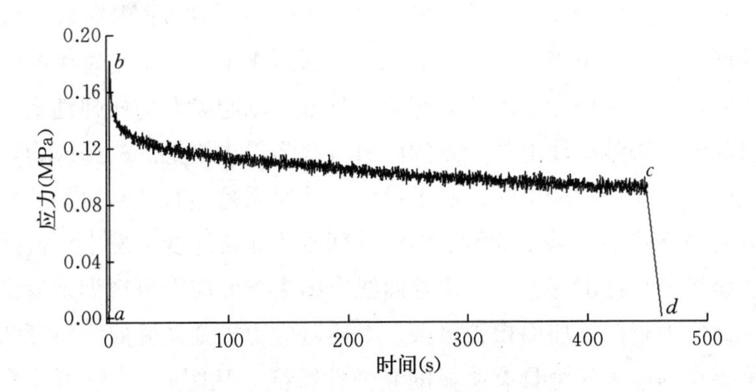

图 6-2　苹果果皮应力松弛试验曲线

一般而言，黏弹性体应力松弛曲线的数学模型主要有二元件麦克斯韦模型（Maxwell 模型）、三元件麦克斯韦模型、四要素模型和五元件广义的麦克斯韦模型。实际的黏弹性体流变力学性质的模拟比较复杂，需要用更多要素的模型来表征。郭文斌等采用五元件广义的麦克斯韦模型探讨了马铃薯整果的应力松弛参数，如图 6-3 所示。该模型由 2 个二元件的麦克斯韦模型和一个弹簧并联而成，其应力松弛公式为：

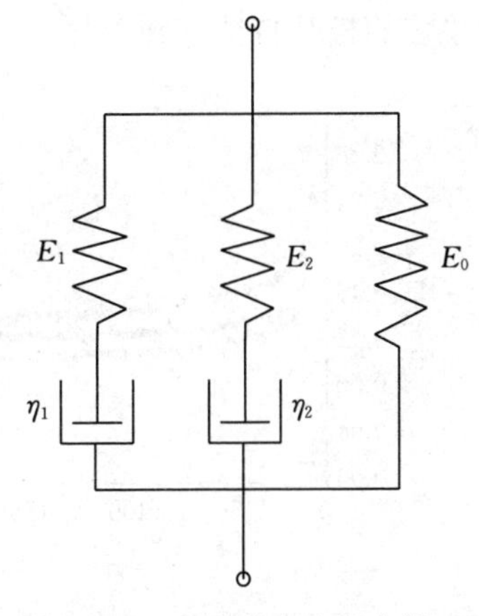

图 6-3　五元件麦克斯韦模型

$$\sigma(t)=\varepsilon_0 E_0+\varepsilon_0 E_1 \exp(-t/T_{S1})+\varepsilon_0 E_2 \exp(-t/T_{S2}) \tag{6-1}$$

式中：$\sigma(t)$——试验物料承受的应力，Pa；

ε_0——恒定应变；

E_0——平衡弹性系数，Pa；

E_1、E_2——各个麦克斯韦模型的衰变弹性系数，Pa；

t——松弛试验时间，s；

T_{S1}、T_{S2}——各个麦克斯韦模型的松弛时间，s($T_{S1}=\eta_1/E_1$，$T_{S2}=\eta_2/E_2$)。

（3）试验结果与分析

① 松弛曲线。图 6-4 为 3 种果皮应力松弛的典型曲线。应力松弛是材料在常应变条件下，为了抵抗外部载荷而减小自身组织内应力的一种能力，与材料微观组织结构密切相关。从图 6-4 可知，果皮应力松弛曲线可划分为两个阶段：快速松弛阶段和缓慢松弛阶段。快速松弛阶段在 5 s 内完成，试样的应力迅速降低。其原因是当试样停止加载后，其组织中受力细胞发生的弹性变形会迅速恢复，即在常应变下组成细胞的细胞壁、细胞膜等物质弹性变形后的迅速恢复引起的，松弛曲线上初始点的应力可视为果皮松弛的初始应力；缓慢松弛阶段试样应力变化比较平缓且趋于稳定，其原因是随着试验时间的延长，试样的内应力逐渐减小，果皮细胞及细胞外部流体在常应变下发生缓慢弹性恢复并伴随有缓慢的黏性滑移所致，松弛曲线上结束点的应力可视为果皮松弛的残余应力，该应力趋向于应力松弛极限。上述对应力松弛试验曲线特征的分析表明，苹果果皮的应力松弛具有明显的黏弹性特征。从图 6-4 还可以看出，在相同的载荷作用下，3 种果皮松弛曲线的形状和走向趋势基本相同，但不同品种果皮的松弛特性存在差异。

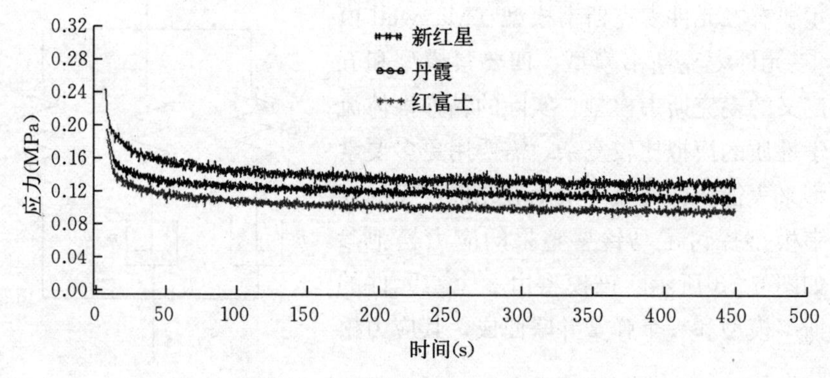

图 6-4　苹果果皮的应力松弛曲线

② 初始应力、残余应力及应变保持。3 种果皮松弛试验所获得的初始应力、残余应力和应变保持如表 6-1 所示。由表 6-1 可知，在相同载荷作用下不同果皮试样初始应力的离散程度远远低于其残余应力的离散程度，即初始应力的标准差仅为其均值的 0.4%以内，而残余应力的标准差为其均值的 10%以内，一方面是因为果皮试样均沿纵向取样时，果皮组织细胞的微屈曲状态相似，当试样拉伸所加外载荷较小时，其组织细胞主要是由微屈曲状态逐渐伸直，使得初始应力离散程度较小；另一方面是因为果皮试样来自活的生物体，不同试样的组织结构均存在很大的差异，其弹性恢复及黏性流动能力不同，致使残余应力的离散程度相对较大。由表 6-1 还可知，初始应力、残余应力均值以新红星果皮最大，红富士果皮最小，表明果皮的初始应力是影响其松弛值的一个重要指标，且初始应力较大时，最终的残余应力也较大。

表 6-1　苹果果皮松弛的初始应力、残余应力和应变保持

品种	初始应力（MPa）		残余应力（MPa）		应变保持（%）	
	范围	均值与标准差	范围	均值与标准差	范围	均值与标准差
丹霞	0.180～0.197	0.187±0.007b	0.099～0.126	0.111±0.011b	0.416～1.142	0.887±0.270b
红富士	0.165～0.187	0.176±0.007c	0.096～0.13	0.102±0.006b	1.001～1.475	1.243±0.183b
新红星	0.216～0.243	0.231±0.008a	0.126～0.158	0.141±0.010a	0.560～1.442	0.790±0.255a

对 3 种果皮的初始应力、残余应力及应变保持进行独立样本 t 检验，结果表明：新红星果皮的初始应力、残余应力、应变保持与丹霞和红富士均存在显著性的差异（$P\leqslant0.01$）；而红富士与丹霞果皮只有初始应力存在显著性的差异（$P\leqslant0.01$）；苹果应力松弛时的变形量对其损伤体积有极显著的影响，因此上述的分析表明，新红星果皮抵御外载荷的能力显著强于其他两种果皮，而红富士果皮对损伤的敏感度显著高于新红星果皮。

③ 应力松弛模型参数。通过果皮松弛试验数据获得五元件麦克斯韦模型的参数如表 6-2 所示。由表 6-2 可知，3 种果皮松弛模型拟合度的均值均达到了 0.98 以上，变异系数均小于 0.05%，表明该模型的拟合效果稳定，适合描述苹果果皮的应力松弛特性。

丹霞和红富士果皮的平衡弹性模量 E_e 均值远远小于衰变弹性模量 E_1、E_2 均值，而新红星果皮的平衡弹性模量 E_e 均值大于衰变弹性模量 E_1、E_2 均值；同时新红星果皮的平衡弹性模量 E_e 远大于其他两种果皮的平衡弹性模量 E_e。试验数据通过方差分析可知，新红星果皮的弹性模量 E_e、E_1、E_2 与红富士果

表 6-2　苹果果皮试样松弛模型参数

品种	试样编号	E_e（MPa）	E_1（MPa）	E_2（MPa）	T_{S1}（s）	T_{S2}（s）	η_1（Pa·s）	η_2（Pa·s）	拟合度
丹霞	1	0.79	12.47	11.85	8.36	4 731.60	104.30	56 046.28	0.985
	2	0.75	7.81	13.17	14.77	2 697.40	115.24	35 529.34	0.984
	3	0.45	14.57	12.15	8.85	2 620.60	128.92	31 835.83	0.984
	4	0.87	17.20	11.98	8.92	1 629.50	153.55	19 523.69	0.987
	5	0.65	10.22	9.80	11.07	4 548.20	113.12	44 553.71	0.980
	6	0.80	17.64	12.74	7.44	2 242.50	131.25	28 570.12	0.983
	7	0.77	5.90	11.40	24.12	2 016.90	142.35	22 988.42	0.982
	8	1.03	13.09	12.03	21.46	3 719.40	280.84	44 750.70	0.981
	9	0.65	12.89	13.38	14.35	3 855.90	185.07	51 573.05	0.987
	10	0.82	17.72	12.70	8.31	3 884.80	147.24	49 352.89	0.989
	均值	0.76±0.15	12.95±4.07	12.12±1.02	12.76±5.88	3 194.70±1 091	165.33±51.51	38 717.05±12 582	0.984
红富士	1	0.62	11.96	10.31	8.92	3 739.90	106.76	38 567.72	0.984
	2	0.42	8.04	10.56	17.53	2 551.50	140.95	26 933.89	0.982
	3	0.83	16.26	10.96	7.79	3 494.20	126.62	38 286.65	0.982
	4	0.28	6.29	8.85	13.22	1 835.60	83.18	16 242.12	0.981
	5	0.64	8.03	7.71	9.74	2 123.70	78.23	16 367.36	0.989
	6	0.47	3.55	7.51	14.59	3 631.80	51.76	27 287.53	0.985

（续）

品种	试样编号	E_e（MPa）	E_1（MPa）	E_2（MPa）	T_{S1}（s）	T_{S2}（s）	η_1（Pa·s）	η_2（Pa·s）	拟合度
红富士	7	0.54	4.03	6.86	15.00	3 269.60	60.50	22 413.43	0.985
	8	0.48	7.16	8.60	12.23	3 015.80	87.59	25 930.45	0.983
	9	1.07	4.46	6.89	19.09	3 772.90	85.13	26 005.09	0.984
	10	0.50	5.49	8.49	17.35	2 623.40	95.19	22 275.03	0.982
	均值	0.59±0.23	7.53±3.94	8.67±1.50	13.55±3.87	3 005.85±693	91.59±27.42	26 030.19±7 646	0.984
新红星	1	19.00	17.74	3.71	5.56	42.12	98.63	156.30	0.984
	2	18.67	13.65	6.28	8.82	100.50	120.35	630.88	0.984
	3	12.51	17.39	2.99	6.58	124.60	114.46	372.64	0.984
	4	17.30	17.94	3.27	7.68	95.19	137.76	310.81	0.985
	5	20.22	14.13	1.19	13.23	40.32	186.94	47.92	0.984
	6	16.31	16.06	3.78	7.37	134.00	118.34	507.16	0.985
	7	8.65	12.08	2.41	7.95	143.50	96.04	346.25	0.985
	8	12.21	17.75	2.55	6.23	68.66	110.57	174.86	0.984
	9	18.33	12.15	2.79	9.25	90.53	112.45	252.26	0.985
	10	22.75	13.78	6.52	8.85	149.00	121.98	972.03	0.985
	均值	16.60±4.27	15.27±2.37	3.55±1.67	8.15±2.15	98.84±40	121.75±25.78	377.11±270	0.985

皮存在极显著的差异（$P \leqslant 0.001$），除与丹霞除了弹性模量 E_1 差异不显著外，其他均存在显著的差异（$P \leqslant 0.01$），而红富士果皮与丹霞果皮之间只有弹性模量 E_1、E_2 存在显著的差异（$P \leqslant 0.01$）；平衡弹性模量 E_e 的值越大，表明生物组织结构细胞壁的弹性越强，因此，新红星果皮细胞的弹性高于其他两种果皮。新红星果皮的松弛时间 T_{S2} 和黏滞系数 η_2 远低于其他两种果皮；不同品种果皮间松弛时间 T_{S2} 最大均值与其最小均值的比达到 32.32，黏滞系数 η_2 最大均值与最小值均值的比值达到 102.68。通过方差分析可知，新红星果皮的松弛时间 T_{S1}、T_{S2} 及黏滞系数 η_1、η_2 与红富士果皮均存在显著的差异（$P \leqslant 0.05$），与丹霞果皮只有 T_{S2}、η_2 存在显著的差异（$P \leqslant 0.05$），而丹霞果皮与红富士果皮只有 η_1、η_2 存在显著的差异（$P \leqslant 0.01$）。以上表明，生物材料越软，细胞的流动性质越好，应力松弛得越快，松弛时间代表了组织细胞壁的黏性特征，即松弛时间越小，生物组织结构的黏性越小，弹性愈显著，表明新红星果皮细胞的流动性质较丹霞和红富士果皮好，且弹性较强，但其果皮组织结构的黏性低于丹霞和红富士果皮。

（4）应力松弛特性参数的相关性

利用相关性分析，探讨了 3 种果皮各自品种内松弛特性参数的关系如表 6-3 所示。由表 6-3 可知，丹霞和红富士果皮的零时弹性模量 E_0 与衰变弹性模量 E_1 均呈极显著的正相关（$P \leqslant 0.01$），但新红星果皮的零时弹性模量 E_0 与衰变弹性模量的相关性不显著，而与平衡弹性模量 E_e 呈极显著的正相关（$P \leqslant 0.01$），表明丹霞和红富士果皮在松弛过程中零时弹性模量越大，其残余变形越大，滞后损失就越多；而新红星果皮零时弹性模量越大，果皮细胞壁的弹性越强，从而对果皮残余变形的影响不明显，反映出新红星果皮的质地相比丹霞和红富士果皮更接近于黏弹性体。3 种果皮中除了新红星，其他两种果皮的松弛时间 T_{S1} 与零时弹性模量 E_0 和衰变弹性模量 E_2 均存在显著的负相关（$P \leqslant 0.05$），表明丹霞和红富士果皮的弹性模量对松弛时间的影响远大于其黏滞系数对松弛时间的影响。红富士果皮的黏滞系数与零时弹性模量 E_0、衰变弹性模量均存在显著的正相关（$P \leqslant 0.05$），新红星果皮的黏滞系数 η_2 与衰变弹性模量 E_2 存在显著的正相关（$P \leqslant 0.05$），丹霞的黏滞系数与弹性模量的相关性不显著，表明新红星果皮在松弛过程中其组织结构的流动性显著高于丹霞果皮。

同时从表 6-3 还可知，红富士果皮的应变保持与零时弹性模量 E_0、衰变弹性模量 E_1、E_2 及黏滞系数 η_1 呈极显著的负相关（$P \leqslant 0.01$）；新红星果皮的应变保持与零时弹性模量 E_0 和平衡弹性模量 E_e 存在极显著的负相关（$P \leqslant 0.01$）；

表 6-3　苹果果皮应力松弛特性参数的相关性

品种	指标	E_0	E_e	E_1	E_2	T_{S1}	T_{S2}	η_1	η_2	应力保持
	E_0	1.000								
	E_e	0.175	1.000							
	E_1	0.975**	0.136	1.000						
	E_2	0.500	0.080	0.299	1.000					
丹霞	T_{S1}	−0.645*	0.321	−0.701*	−0.096	1.000				
	T_{S2}	−0.108	−0.013	−0.058	−0.243	−0.131	1.000			
	η_1	0.180	0.571	0.133	0.180	0.543	0.040	1.000		
	η_2	0.042	0.023	0.029	0.066	−0.137	0.950**	0.120	1.000	
	应变保持	−0.112	−0.359	−0.172	0.243	−0.113	−0.190	−0.516	−0.106	1.000
	E_0	1.000								
	E_e	0.187	1.000							
	E_1	0.991**	0.247	1.000						
	E_2	0.897**	−0.138	0.832**	1.000					
红富士	T_{S1}	−0.692*	−0.002	−0.755*	−0.457	1.000				
	T_{S2}	0.114	0.607	0.134	−0.042	−0.019	1.000			
	η_1	0.775**	0.108	0.702*	0.872**	−0.131	−0.070	1.000		
	η_2	0.702*	0.396	0.685*	0.617	−0.387	0.755	0.490	1.000	
	应变保持	−0.871**	−0.107	−0.839**	−0.853**	0.483	0.120	−0.888**	−0.477	1
	E_0	1.000								
	E_e	0.873**	1.000							
	E_1	0.322	−0.095	1.000						
	E_2	0.615	0.466	−0.112	1.000					
新红星	T_{S1}	0.025	0.437	−0.590	−0.197	1.000				
	T_{S2}	−0.203	−0.258	−0.320	0.443	−0.183	1.000			
	η_1	0.252	0.463	−0.039	−0.295	0.827**	−0.392	1.000		
	η_2	0.399	0.320	−0.272	0.883**	−0.061	0.756	−0.221	1.000	
	应变保持	−0.921**	−0.980**	−0.023	−0.507	−0.378	0.240	−0.479	−0.349	1

注：** 表示差异极显著（$P\leqslant0.01$）；* 表示差异显著（$P\leqslant0.05$）。

丹霞果皮的应变保持与弹性模量和黏滞系数的相关性不显著，表明新红星果皮松弛过程中的残余变形只与弹性模量相关，而红富士果皮的残余变形与弹性和黏性指标密切相关，从侧面反映出红富士果皮质地的黏性强于新红星果皮。从以上的分析表明，松弛试验可从客观上描述出不同品种果皮内部组织结构的差异。

6.2.2 相同加载速度果皮蠕变特性研究

（1）试验材料、仪器及方法

选取成熟后的丹霞、红富士、新红星苹果果皮为试验对象，研究了不同品种向阳面和向阴面果皮纵向蠕变特性的差异。试样的制备方法及试验装置同应力松弛试验的相同。同种果皮同一部位同一方向的取样样本数均为 5。按照果皮拉伸试样方法夹持试样，并进行蠕变试验，设定试验的加载速度为 0.1 mm/min，载荷达到 0.5 N 时保持此加载力不变，测得变形和时间的函数关系。

（2）试验原理

流变模型可以预测农产品在机械收获、贮运、加工过程中出现的变化。黏弹性体的流变特征之一，就是在一定力的作用下会产生蠕变现象。蠕变是指在受到恒定外力（应力）作用下，材料的形变（或应变）随时间增大而逐渐增大的现象，如图 6－5 所示。具有蠕变特性的材料，当外力撤销后，其变形也不会立即恢复，而是随着时间的延长而逐渐恢复。

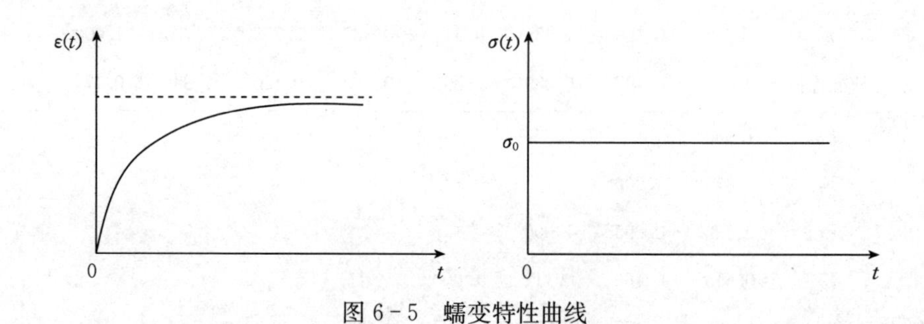

图 6－5　蠕变特性曲线

一般而言，黏弹性材料的蠕变过程有三个阶段：第一阶段（*ab* 段）是开始施加一恒定的作用力后，黏弹性体在短时间内发生弹性变形；第二阶段（*bc* 段）是蠕变阶段，在这个阶段所加的外力保持不变，应变速度不断发生变化，也称延迟变形；第三阶段（*cd* 段）是撤销外力后恢复阶段，但不会马上恢复到无应力状态，而是滞后很长时间才会恢复。图 6－6 为苹果果皮蠕变特性的典型曲线。

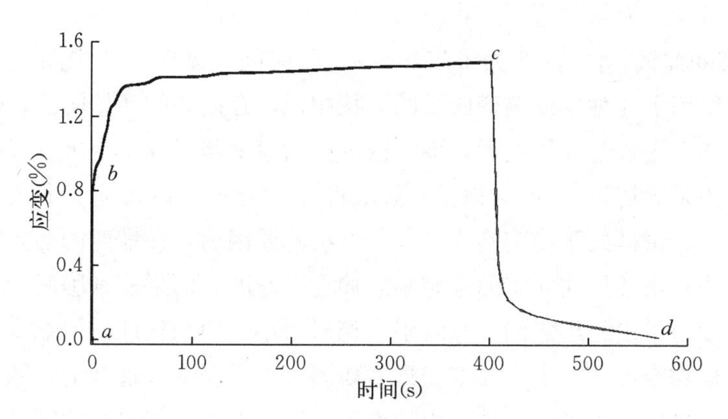

图 6-6　苹果果皮蠕变曲线

黏弹性体的蠕变过程可以运用伯格斯模型来进行形象的描述。伯格斯模型也称四要素模型，其基本结构如图 6-7 所示，这个模型相当于一个麦克斯韦模型和一个开尔芬模型串联而成，此模型在外力作用下可同时表现出黏性流动变形和弹性变形，能够较充分地描述黏弹性物料的性质。为了解河套蜜瓜静载蠕变特性，解决河套蜜瓜在储运过程因蠕变损伤使果实品质下降的问题，杨晓清和王春光采用伯格斯模型对河套蜜瓜进行了蠕变特性的描述，获得了影响河套蜜瓜果实蠕变特性的因素。伯格斯模型的特点是：当模型受到恒定外力作用时，胡克模型和阻尼模型发生相同的应变变形，该模型应力大小等于胡克模型和阻尼模型应力之和。其蠕变变形公式为：

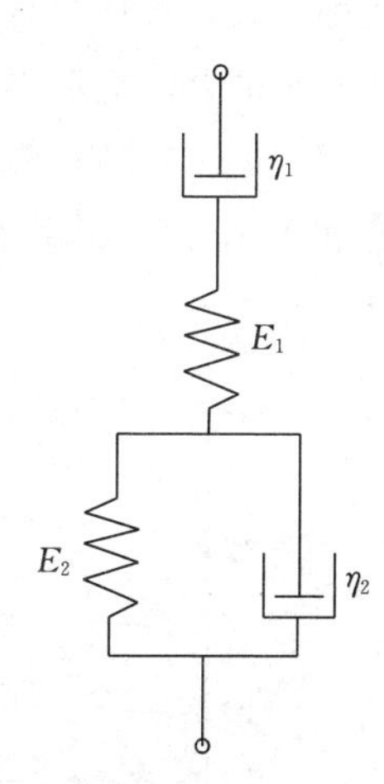

图 6-7　伯格斯模型

$$\varepsilon\ (t)=\frac{\sigma_0}{E_1{}'}+\frac{\sigma_0}{E_2{}'}\ (1-e^{-t/T_r})+\frac{\sigma_0 t}{\eta_1{}'} \tag{6-2}$$

式中：$\varepsilon\ (t)$——时间 t 时的应变；

σ_0——初始应力，Pa；

$E_1{}'$——零时弹性系数，Pa；

$E_2{}'$——延迟弹性系数，Pa；

T_r——弹性滞后时间（$T_r=\eta_2{}'/E_2{}'$，是模型蠕变到最大变形量的63％的时间，表明了蠕变发生的快慢），又称延迟时间，s；

$\eta_1{}'$——黏滞系数，Pa・s。

(3) 试验结果与分析

① 蠕变曲线。图 6-8 为果皮蠕变应变-时间关系曲线。由图 6-8 可知，相同载荷作用下 3 种果皮蠕变曲线的形状相似，在曲线的初始阶段，蠕变速率较大，试样发生快速弹性变形，该阶段试样的应变与时间呈现出良好的线性相关性，相关系数均达到 0.98 以上；随着时间的延长，曲线渐变平缓，蠕变速率趋于稳定，试样处于稳定蠕变阶段。分析其原因为：在蠕变的初始阶段，蠕变变形主要是由微屈曲状态的细胞不断伸直引起的，而果皮细胞间的相对滑移量很小，使得果皮组织之间的黏滞阻力相对较小，因而在此阶段蠕变的时间很短，且试样蠕变速率较大，蠕变变形主要表现为细胞的弹性变形；随着蠕变时间的延长，虽然果皮细胞在内应力的作用下继续伸展，但是细胞间的相对滑移量逐渐增大，致使果皮组织之间的黏滞阻力也不断增加，果皮组织在新的状态下达到平衡并建立起新的结构构成，因而该阶段试样的蠕变速率逐渐减缓，最后稳定在一个常数；蠕变变形量是由果皮组织发生缓慢弹性变形和黏性流动变形叠加而成。果皮蠕变试验曲线特征的分析表明苹果果皮具有明显的黏弹性特征。

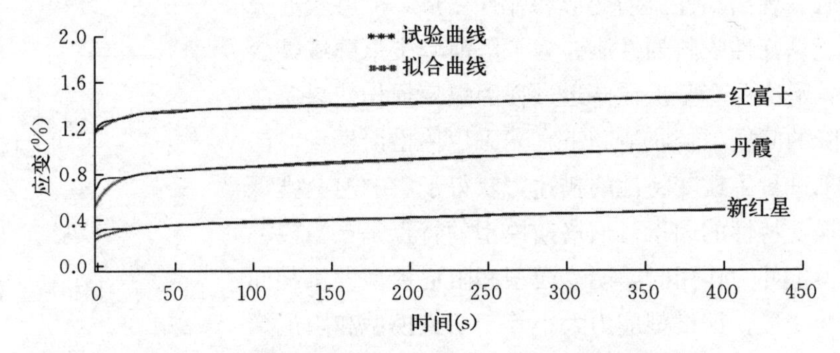

图 6-8 苹果果皮蠕变试验曲线和拟合曲线（附彩图）

② 蠕变初始应变、应力保持及蠕变量。3 种果皮蠕变试验所获得的初始应变、蠕变量及应力保持如表 6-4 所示。由表 6-4 可知，相同载荷作用下，不同品种果皮应力保持的均值均以新红星果皮最大，红富士果皮最小，且 3 种果皮应力保持的大小与果皮松弛中初始应力的大小相近；红富士果皮的初始应变均值大于丹霞和新红星果皮，而蠕变量却小于其他两种果皮。上述的分析反映出蠕变试验与应力松弛试验存在一定的内在联系，可以相互转换，且果皮蠕变的初始应变越大，其蠕变量相对较小。试验数据通过方差分析发现，新红星果皮的初始应变、应力保持与丹霞和红富士果皮存在极显著的差异（$P \leqslant 0.01$）；丹霞果皮与红富士果皮只有应力保持存在极显著的差异（$P \leqslant 0.01$）；

但3种果皮蠕变量的差异均不显著。表明新红星果皮对蠕变损伤的敏感程度要低于红富士和丹霞果皮。

表6-4 苹果果皮蠕变的初始应变和应力保持

品种	初始应变（%）		应力保持（MPa）		蠕变量（mm）	
	范围	均值与标准差	范围	均值与标准差	范围	均值与标准差
丹霞	0.596～0.872	0.733±0.09c	0.161～0.19	0.182±0.01b	0.025～0.047	0.033±0.01a
红富士	0.699～1.294	1.017±0.23b	0.169～0.19	0.180±0.01b	0.019～0.042	0.030±0.01a
新红星	0.293～0.671	0.429±0.11a	0.202～0.29	0.223±0.03a	0.017～0.044	0.031±0.01a

③ 蠕变模型参数。通过果皮蠕变试验数据获得的伯格斯模型参数如表6-5所示。由表6-5可知，3种果皮蠕变模型拟合度的均值均达到了0.98以上，变异系数均低于0.03%，表明该模型能够很好地描述苹果果皮的蠕变特性。

对于同一品种及不同品种果皮试样拟合的蠕变模型参数均不相同。不同品种果皮瞬时弹性模量E_1'的均值以新红星最大，红富士最小；通过方差分析发现，新红星果皮的瞬时弹性模量E_1'与丹霞和红富士果皮均存在极显著的差异（$P \leqslant 0.01$）；瞬时弹性模量E_1'代表果皮弹性的一部分，决定着果皮弹性的优劣，因此在弹性范围内，新红星果皮细胞抗变形的能力强，其组织结构具有较好的弹性，这与微观结构观测得到的表皮细胞形状为圆形和椭圆形及其细胞侧壁厚度较厚相符合。丹霞、红富士果皮的延迟弹性模量E_2'的均值均大于其瞬时弹性模量E_1'，尤其是红富士果皮的延迟弹性模量E_2'均值是其瞬时弹性模量E_1'均值的8倍多，而新红星果皮的延迟弹性模量E_2'均值却小于其瞬时弹性模量E_1'；通过方差分析发现，红富士果皮的延迟弹性系数E_2'与丹霞和新红星的存在显著的差异($P \leqslant 0.01$)，而丹霞果皮与新红星果皮的延迟弹性系数E_2'的差异不显著；延迟弹性模量E_2'决定了果皮在稳定蠕变过程中弹性变化的缓慢程度，表明在模型的稳定蠕变过程中，新红星果皮弹性变形恢复得比较快，而丹霞和红富士果皮恢复得比较缓慢。3种果皮延迟时间T_r、黏滞系数η_1和η_2的均值均以红富士果皮的最大，而丹霞与新红星果皮的T_r、η_1和η_2均值相差不大；通过方差分析表明，红富士果皮的T_r、η_1和η_2与丹霞和新红星果皮均存在显著的差异（$P \leqslant 0.05$），而丹霞果皮与新红星果皮的T_r、η_1和η_2的差异不显著。延迟时间T_r越长，表明蠕变变形越不易控制，果皮越易发生损伤，而黏滞系数η_1、η_2越大，表明果皮细胞液的流动性越差，其内的黏滞阻力越大；因而上面的分析表明，红富士果皮组织结构间流动性与丹霞和新红星果皮相比较小，黏性较强，即在相同载荷作用及相同环境条件下红富士果皮相对其他两种果皮恢复原有尺寸的能力相对较低。

表 6-5　苹果果皮试样蠕变模型参数

品种	试样编号	E_1'（MPa）	E_2'（MPa）	T_r（s）	η_1'（Pa·s）	η_2'（Pa·s）	相关系数
丹霞	1	0.26	1.01	12.56	356.30	12.68	0.988
	2	0.24	1.02	10.00	638.90	10.19	0.986
	3	0.22	1.43	13.55	668.00	19.36	0.990
	4	0.47	0.34	10.06	413.30	3.40	0.990
	5	0.65	0.33	9.55	456.70	3.19	0.984
	6	0.30	1.05	12.47	467.60	13.06	0.983
	7	0.35	0.66	9.23	461.10	6.13	0.985
	8	0.43	0.81	9.98	535.30	8.05	0.989
	9	0.37	0.74	10.25	617.10	7.58	0.988
	10	0.34	0.64	10.67	317.20	6.82	0.989
	均值	0.36±0.13	0.80±0.34	10.83±1.48	493.20±119.27	9.04±4.94	0.987
红富士	1	0.23	1.72	11.87	603.90	20.44	0.983
	2	0.22	0.45	10.17	621.60	4.58	0.987
	3	0.21	2.62	19.83	859.30	52.04	0.985
	4	0.14	2.07	11.94	865.00	24.68	0.988
	5	0.18	2.90	33.78	678.10	28.05	0.985
	6	0.23	2.13	17.57	775.10	37.41	0.987
	7	0.15	0.99	14.57	560.90	14.37	0.985
	8	0.18	0.42	10.20	639.70	4.33	0.984
	9	0.14	1.53	13.79	504.60	21.04	0.989
	10	0.26	1.87	12.86	947.80	24.04	0.984
	均值	0.20±0.04	1.67±0.84	15.66±7.07	705.60±147.71	23.10±14.34	0.986
新红星	1	2.15	1.00	11.20	637.10	11.20	0.987
	2	1.24	0.57	10.90	603.30	6.18	0.985
	3	0.88	0.59	10.97	542.90	6.50	0.984
	4	0.79	0.67	11.01	523.20	7.34	0.989
	5	0.95	0.63	11.58	568.10	7.24	0.984
	6	1.20	0.69	11.13	574.90	7.68	0.985
	7	1.28	0.75	3.16	562.50	2.38	0.987
	8	0.95	0.83	14.10	368.00	11.75	0.987
	9	1.24	0.91	8.80	549.30	8.00	0.986
	10	1.90	0.91	6.66	572.40	6.05	0.986
	均值	1.26±0.44	0.75±0.15	9.95±3.06	550.17±71.43	7.43±2.65	0.986

同时，由图 6-8 可知，利用蠕变模型参数拟合的曲线与试验曲线相比吻合较好，表明伯格斯模型能够很好地描述果皮的蠕变特性。

④ 蠕变特性参数的相关性。对 3 种果皮各自品种内的蠕变特性参数进行相关分析，结果见表 6-6。由表 6-6 可知，3 种果皮内部组织结构的差异可通过其蠕变试验反映出来。丹霞果皮的瞬时弹性模量 E_1' 与延迟弹性模量 E_2' 呈现极显著的负相关（$P\leqslant0.01$），新红星果皮的瞬时弹性模量 E_1' 与延迟弹性模量 E_2' 呈现显著的正相关（$P\leqslant0.05$），红富士果皮的瞬时弹性模量与延迟弹性模量的相关性不显著；表明果皮的瞬时弹性模量较大时，丹霞稳定蠕变得较慢，而新红星稳定蠕变的较快。丹霞和新红星果皮的延迟时间 T_r 与黏滞系数 η_2' 均存在极显著的正相关性（$P\leqslant0.01$），且前者的相关系数较大，红富士果皮的延迟时间 T_r 与黏滞系数 η_2' 的相关性不显著，而与延迟弹性模量 E_2' 呈显著正相关（$P\leqslant0.05$），表明丹霞和新红星果皮的黏性越大，其蠕变过程中的蠕变速率越缓慢，而红富士果皮蠕变速率与其弹性模量密切相关，同时也反映出新红星与丹霞果皮质地特性的差异相对较小，而与红富士果皮质地特性的差异相对较大。

表 6-6　苹果果皮蠕变特性参数的相关性

品种	指标	E_1'	E_2'	T_r	η_1'	η_2'
丹霞	E_1'	1.000				
	E_2'	−0.848**	1.000			
	T_r	−0.621	0.784**	1.000		
	η_1'	−0.276	0.513	0.098	1.000	
	η_2'	−0.791**	0.976**	0.891**	0.433	1.000
红富士	E_1'	1.000				
	E_2'	0.099	1.000			
	T_r	−0.068	0.737*	1.000		
	η_1'	0.441	0.504	0.079	1.000	
	η_2'	0.196	0.858**	0.500	0.552	1.000
新红星	E_1'	1.000				
	E_2'	0.730*	1.000			
	T_r	−0.320	−0.182	1.000		
	η_1'	0.551	−0.001	−0.372	1.000	
	η_2'	0.137	0.434	0.804**	−0.356	1.000

注：** 表示差异极显著（$P\leqslant0.01$）；* 表示差异显著（$P\leqslant0.05$）。

6.2.3 相同加载速度果皮流变特性参数的主成分分析

为了简化果皮质地的评价指标，对松弛试验获得的零时弹性模量 E_0、平衡弹性模量 E_e、衰变弹性模量 E_1、衰变弹性模量 E_2、黏滞系数 η_1、黏滞系数 η_2 和蠕变试验获得的瞬时弹性系数 E_1'、延迟弹性系数 E_2'、黏性系数 η_1'、η_2' 10 个指标进行主成分分析。结果表明，选取特征值大于 1 的成分作为主成分，3 种果皮入选的特征值、特征向量、主成分见表 6-7。由表 6-7 可知，丹霞、红富士和新红星果皮主成分的累积贡献率分别达到了 85.13%、83.94% 和 91.68%，包含了大部分的原始数据信息，能够达到简化评价指标的目的。

表 6-7 不同品种果皮主成分的特征向量、特征值、贡献率及累计贡献率

指标	丹霞				红富士			新红星			
	1	2	3	4	1	2	3	1	2	3	4
零时弹性模量 E_0	0.149	0.572	−0.206	−0.107	0.456	0.061	0.011	0.297	0.516	−0.008	−0.190
平衡弹性模量 E_e	−0.245	0.357	0.363	0.002	0.138	−0.375	0.604	0.314	0.435	−0.222	0.147
衰变弹性模量 E_1	0.090	0.548	−0.311	−0.108	0.448	0.005	0.012	−0.193	0.419	0.281	−0.512
衰变弹性模量 E_2	0.338	0.286	0.275	−0.045	0.410	0.260	−0.082	0.454	−0.001	0.142	−0.278
黏滞系数 η_1	−0.095	0.276	0.676	−0.019	0.368	0.223	0.197	−0.040	0.415	−0.300	0.530
黏滞系数 η_2	0.001	0.091	0.068	0.952	0.398	−0.093	0.091	0.409	−0.129	0.051	−0.225
瞬时弹性模量 E_1'	−0.469	−0.028	−0.028	−0.035	0.206	0.304	−0.138	0.456	−0.173	0.016	0.047
延迟弹性模量 E_2'	0.497	−0.070	0.058	0.096	−0.194	0.409	0.496	0.335	−0.233	0.351	0.397
黏性系数 η_1'	0.283	−0.267	0.425	−0.226	−0.086	0.515	−0.313	0.269	−0.041	−0.554	−0.120
黏性系数 η_2'	0.489	−0.043	−0.088	0.079	−0.153	0.453	0.468	0.093	0.307	0.573	0.311
特征值	3.619	2.473	1.392	1.028	4.457	2.917	1.021	4.168	2.131	1.635	1.234
贡献率（%）	36.19	24.73	13.92	10.28	44.57	29.17	10.21	41.68	21.31	16.35	12.34
累积贡献率（%）	36.19	60.92	74.85	85.13	44.57	73.73	83.94	41.68	62.98	79.34	91.68

丹霞果皮的第一主成分在对应的特征向量中相关系数较大且呈正值的是延迟弹性系数 E_2'、蠕变的黏性系数 η_2'和瞬时弹性模量 E_1'，相关系数较大但呈负值的是零时弹性模量，其贡献率为 36.19%；第二主成分中相关系数较大的是零时弹性模量 E_0 和衰变弹性模量 E_1，代表果皮中的弹性因子，其贡献率为 24.73%；第三、第四主成分中相关系数较大的分别是松弛中的黏滞系数 η_1、η_2，代表果皮中的黏性因子，其贡献率之和为 24.2%。红富士果皮的第一主成分在对应的特征向量中相关系数较大的是零时弹性模量 E_0 和衰变弹性模量

E_1，代表果皮中的弹性因子，其贡献率为 44.57%；第二主成分中相关系数较大的是蠕变中的黏性系数 $\eta_1{}'$、$\eta_2{}'$，代表果皮中的黏性因子，其贡献率为 29.17%；第三主成分中相关系数较大的是平衡弹性模量 E_e、延迟弹性系数 $E_2{}'$和蠕变中的黏性系数 $\eta_2{}'$，其贡献率为 10.21%。新红星果皮的第一、第二主成分在对应的特征向量中相关系数较大的分别是衰变弹性模量 E_2、瞬时弹性系数 $E_1{}'$和零时弹性模量 E_0，代表果皮中的弹性因子，其贡献率之和为 62.98%；第三、第四主成分中相关系数较大的分别是松弛中的黏滞系数 η_1 和蠕变中的黏滞系数 $\eta_1{}'$、$\eta_2{}'$，代表果皮中的黏性因子，其贡献率之和为 28.69%。

以上的分析可知，3 种果皮都具有黏弹性，其果皮弹性因子的贡献率均大于其黏性因子的贡献率，表明果皮的质地偏重于弹性；但新红星果皮中的弹性因子贡献率相对较大，而红富士果皮中的黏性因子贡献率相对较大，表明红富士果皮表面在自然生长以及在包装、运输和贮藏等过程中较丹霞和新红星果皮容易碎裂损伤。

6.3 不同加载速度果皮应力松弛特性研究

6.3.1 试验方法

试验材料为成熟的丹霞苹果和红富士苹果，试验时选取大小均匀、形状规则、无病虫害和机械损伤的果实。将果皮试样制成 40 mm×15 mm×t mm（t 为果皮试样厚度）规格的长条形，夹持在试验机上进行应力松弛试验，试验装置同果皮拉伸试验，每一品种取样样本数均为 5。根据对苹果果皮拉伸时获得的拉伸曲线图及拉伸特性指标数据进行分析，设定应力松弛试验的加载载荷为 0.5 N，即当载荷达到 0.5 N 时停止加载后，一直保持此时的变形量，而且此变形量属于果皮弹性变形范围，测得应力与时间的函数关系，设定试验的加载速度分别为 0.01 mm/s、0.1 mm/s、1 mm/s。

6.3.2 试验结果与分析

（1）不同加载速度下果皮拉伸松弛试验曲线

试验获得的不同加载速度下丹霞和红富士苹果果皮应力松弛的试验数据点五元件麦克斯韦拟合后的松弛模型参数均值见表 6-8，不同加载速度下丹霞和红富士果皮拉伸松弛试验曲线和拟合曲线如图 6-9、图 6-10 所示。

表 6-8　不同加载速度下苹果果皮拉伸应力松弛模型参数均值

品种	加载速度 (mm/s)	零时弹性模量 E_0 (MPa)	平衡弹性模量 E_e (MPa)	衰变弹性模量 E_1 (MPa)	衰变弹性模量 E_2 (MPa)	松弛时间 T_{S1}(s)	松弛时间 T_{S2}(s)	黏滞系数 η_1(Pa・s)	黏滞系数 η_2(Pa・s)	R^2
丹霞	0.01	27.730 5a	22.477 8a	3.356 4b	1.896 3b	3.685 8a	25.941 4a	15.343 3a	58.245 0a	0.999
	0.1	20.129 1a	13.193 6a	4.026 8b	2.908 7b	1.194 9b	16.921 6a	5.000 0a	47.631 7a	0.999
	1	40.113 8a	22.766 1a	12.608 0a	4.739 8a	0.764 6b	16.955 8a	8.985 0a	78.363 3a	0.999
红富士	0.01	62.918 8b	49.514 7ab	8.766 9b	4.637 2b	6.053 4a	31.761 4a	57.878 3a	157.080 0a	0.999
	0.1	44.826 8b	29.920 9b	9.779 6b	5.126 3b	2.607 0a	51.500 1a	28.194 0a	346.810 0a	0.999
	1	134.109 3a	70.016 6a	37.111 7a	26.981 1a	5.136 4a	12.149 3a	127.833 3a	240.430 0a	0.999

注：不同小写字母表示同一品种不同加载速度下差异显著（$P\leqslant0.05$）。

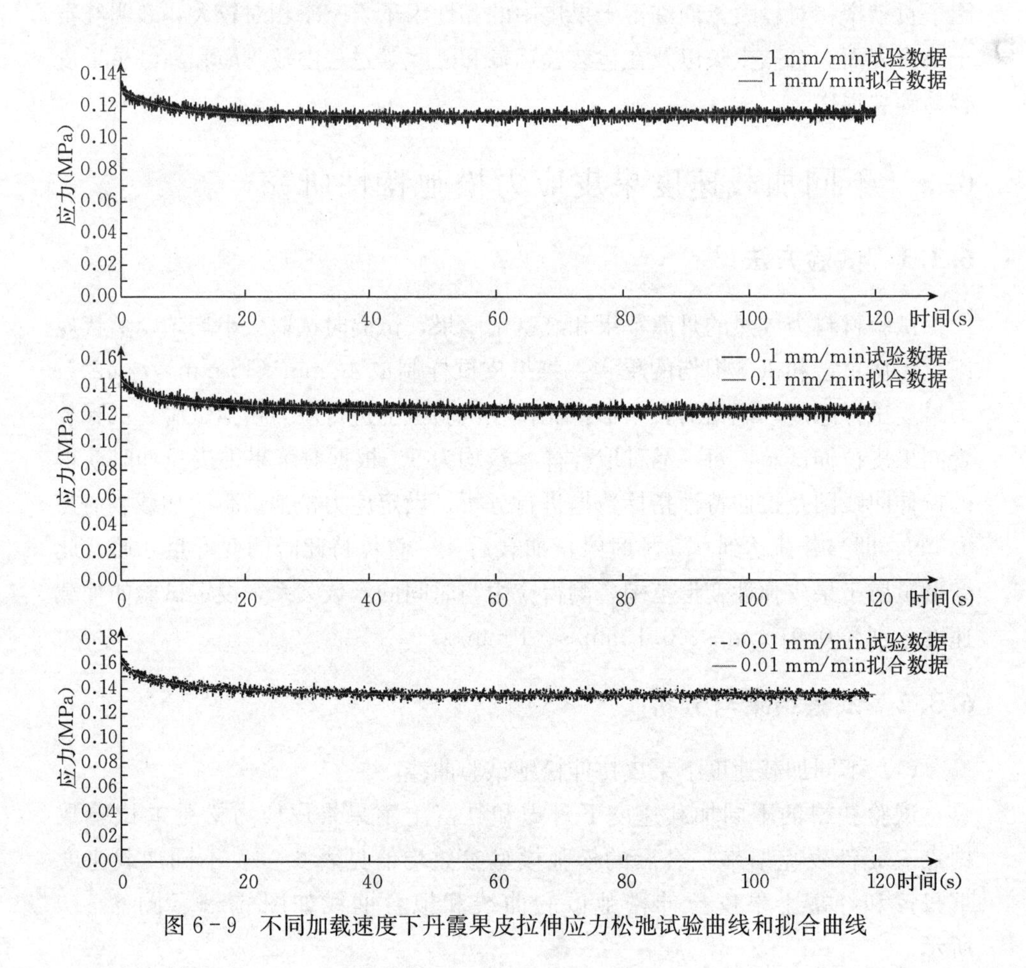

图 6-9　不同加载速度下丹霞果皮拉伸应力松弛试验曲线和拟合曲线

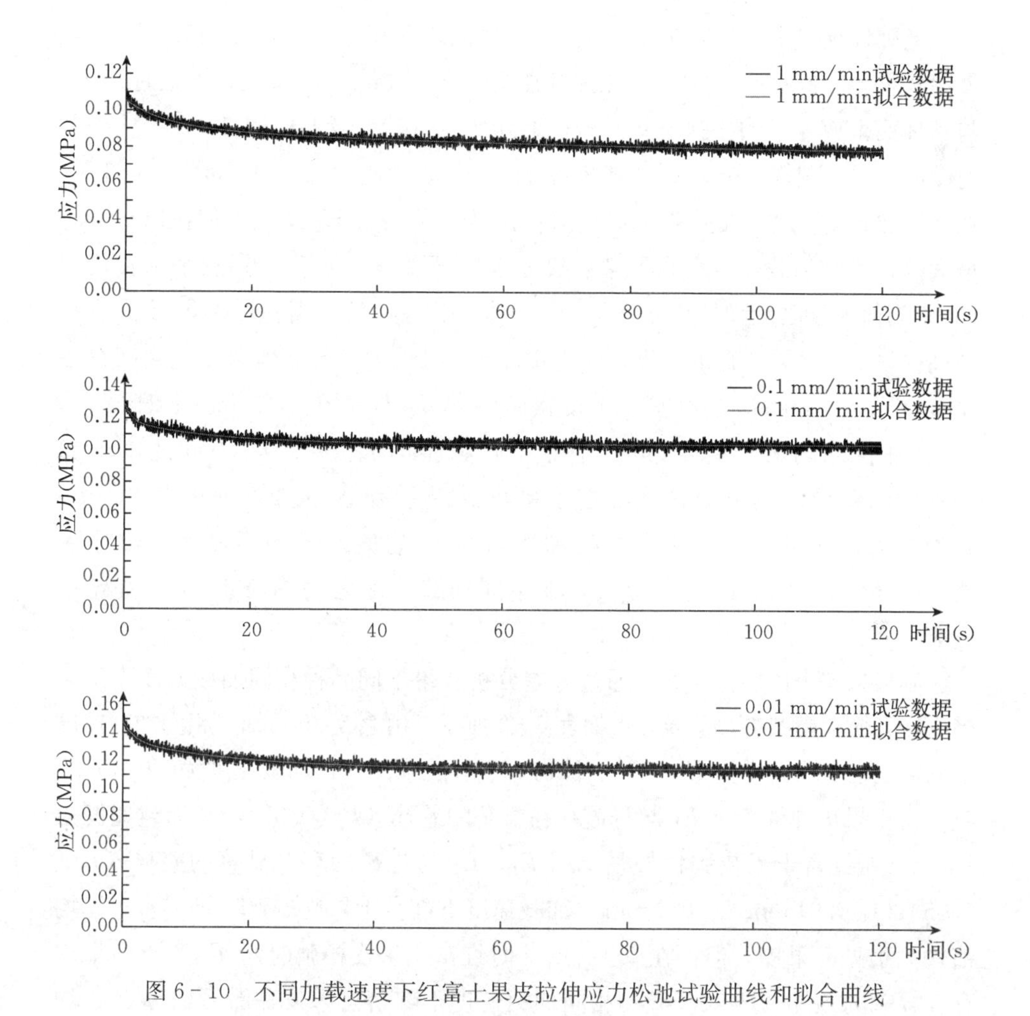

图 6-10 不同加载速度下红富士果皮拉伸应力松弛试验曲线和拟合曲线

从表 6-8 中可以看出，丹霞和红富士果皮五元件麦克斯韦模型的拟合度可达到 0.99 以上，表明五元件麦克斯韦模型能够很好地反映果皮组织的应力松弛特性，因此可以采用五元件麦克斯韦模型来表达苹果果皮的流变松弛特性。两种果皮在五元件麦克斯韦模型模拟合下的回归方差显著性概率 P 值均小于 0.001，表明回归模型的可信度较高。

(2) 应力松弛模型参数

由表 6-8 可知，丹霞果皮平衡弹性模量 E_e 均值在 1 mm/s 时最大，0.1 mm/s 时最小；通过方差分析可知，丹霞果皮不同加载速度间的平衡弹性模量 E_e 差异不显著；丹霞果皮的衰变弹性模量 E_1、E_2 均值小于其果皮的平衡弹性模量 E_e，衰变弹性模量 E_1、E_2 在 1 mm/s 时最大，在 0.01 mm/s 时最小，1 mm/s

时衰变弹性模量 E_1、E_2 值与其他两个速度间均存在显著差异（$P \leqslant 0.05$）；丹霞果皮松弛时间 T_{S1}、T_{S2} 均值在加载速度为 0.01 mm/s 时最大，松弛时间 T_{S1} 与其他两个速度下的松弛时间差异显著（$P \leqslant 0.05$），松弛时间 T_{S2} 在不同加载速度间差异不显著；丹霞果皮黏滞系数 η_1 在加载速度为 0.01 mm/s 时最大，在不同加载速度之间黏滞系数 η_1 均值差异不显著，黏滞系数 η_2 均值在1 mm/s时最大，在不同加载速度之间黏滞系数 η_2 差异不显著。红富士果皮平衡弹性模量 E_e 均值大于衰变弹性模量 E_1、E_2 均值，其果皮的平衡弹性模量 E_e、衰变弹性模量 E_1、E_2 均值在加载速度为 1 mm/s 时最大，与其他两个速度间存在显著差异（$P \leqslant 0.05$）；红富士果皮松弛时间 T_{S1} 均值在 0.01 mm/s 时最大，松弛时间 T_{S2} 均值在 0.1 mm/s 时最大，松弛时间 T_{S1}、T_{S2} 不同速度下的松弛时间差异均不显著性；红富士果皮黏滞系数 η_1 在加载速度为1 mm/s 时为最大，在不同加载速度之间黏滞系数 η_1 均值差异均不显著，黏滞系数 η_2 均值在0.1 mm/s时为最大，在不同加载速度之间黏滞系数 η_2 差异不显著。

苹果果实个体差异较大，通过方差分析获得不同品种相同加载速度下苹果果皮应力松弛模型参数差异分析如表 6-9 所示。由表 6-9 可知，相同加载速度下红富士果皮弹性模量 E_b、E_1、E_2 均大于丹霞果皮，在加载速度为0.01 mm/s 时红富士果皮弹性模量 E_1 与丹霞存在显著的差异（$P \leqslant 0.05$），在加载速度为 1 mm/s 时红富士果皮弹性模量 E_e、E_1、E_2 与丹霞均存在显著的差异（$P \leqslant 0.05$）；在 0.01 mm/s、0.1 mm/s 加载速度下红富士果皮松弛时间 T_{S1}、T_{S2} 均值均大于丹霞果皮，但仅在 0.1 mm/s 时红富士果皮松弛时间 T_{S1} 与丹霞果皮存在显著的差异（$P \leqslant 0.05$）；相同加载速度下红富士果皮黏滞系数 η_1、η_2 均值均大于丹霞果皮，但差异不显著。

表 6-9　相同加载速度下苹果果皮拉伸应力松弛模型参数统计分析比较

应力松弛模型参数	加载速度（mm/s）		
	0.01	0.1	1
零时弹性模量 E_0（MPa）			
丹霞	27.730 5b	20.129 1a	40.113 8b
红富士	62.918 8a	44.826 8a	134.109 3a
平衡弹性模量 E_e（MPa）			
丹霞	22.477 8a	13.193 6a	22.766 1b
红富士	49.514 7a	29.920 9a	70.016 6a

（续）

应力松弛模型参数	加载速度（mm/s）		
	0.01	0.1	1
衰变弹性模量 E_1（MPa）			
丹霞	3.356 4b	4.026 8a	12.608 0b
红富士	8.766 9a	9.779 6a	37.111 7a
衰变弹性模量 E_2（MPa）			
丹霞	1.896 3a	2.908 7a	4.739 8b
红富士	4.637 2a	5.126 3a	26.981 1a
松弛时间 T_{S1}（s）			
丹霞	3.685 8a	1.194 9b	0.764 6a
红富士	6.053 4a	2.607 0a	5.136 4a
松弛时间 T_{S2}（s）			
丹霞	25.941 4a	16.921 6a	16.955 8a
红富士	31.761 4a	51.500 1a	12.149 3a
黏滞系数 η_1（Pa・s）			
丹霞	15.343 3b	5.000 0a	8.985 0a
红富士	57.878 3a	28.194 0a	127.833 3a
黏滞系数 η_2（Pa・s）			
丹霞	58.245a	47.631 7a	78.363 3a
红富士	157.080 0a	346.810 0a	240.430 0a

注：不同小写字母表示相同加载速度下不同品种差异显著（$P \leqslant 0.05$）。

综上所述，生物材料越软，细胞的流动性质越好，应力松弛得越快，松弛时间代表了组织细胞壁的黏性特征，即松弛时间越小，生物组织结构的黏性越小，表明丹霞果皮细胞的流动性质较红富士果皮好，其果皮组织结构的黏性低于红富士果皮。

（3）果皮拉伸应力松弛特性参数的相关性

通过相关性分析，探讨了丹霞果皮拉伸应力松弛特性关系，如表 6-10 所示。由表 6-10 可知，当加载速度为 0.01 mm/s 时，丹霞果皮的零时弹性模量 E_0 与平衡弹性模量 E_e 和衰变弹性模量 E_1 呈极显著的正相关，与黏滞系数 η_1 呈显著的正相关；平衡弹性模量 E_e 与衰变弹性模量 E_1 呈极显著的正相关，与黏滞系数 η_1 呈显著的正相关；衰变弹性模量 E_1 与黏滞系数 η_1 呈显著正相关；松弛时间 T_{S2} 与黏滞系数 η_1 呈显著的正相关。当加载速度为 0.1 mm/s 时，丹霞果皮的零时弹性模量 E_0 与衰变弹性模量 E_1 呈极显著的正相关；平衡弹性模量 E_e 与松弛时间 T_{S2} 呈极显著的正相关，与黏滞系数 η_1 呈显著的正相关；衰变弹性模量 E_2 与松弛时间 T_{S1} 呈极显著的正相关；松弛时间 T_{S2} 与黏滞系数 η_1 呈极显著的正相关；黏滞系数 η_1 与黏滞系数 η_2 呈显著的正相关。当加载速度为 1 mm/s 时，零时弹性模量 E_0 与衰变弹性模量 E_1 呈极显著的正相关；松弛时间 T_{S2} 与黏滞系数 η_1 呈极显著的正相关。

表 6－10　丹霞果皮拉伸应力松弛特性参数相关性分析

加载速度（mm/s）	指标	E_0（MPa）	E_e（MPa）	E_1（MPa）	E_2（MPa）	T_{S1}（s）	T_{S2}（s）	η_1（Pa·s）	η_2（Pa·s）
0.01	E_0	1							
	E_e	0.999**	1						
	E_1	0.979**	0.977**	1					
	E_2	0.416	0.379	0.335	1				
	T_{S1}	0.440	0.454	0.515	−0.242	1			
	T_{S2}	−0.201	−0.217	0.220	0.253	0.375	1		
	η_1	0.833*	0.846*	0.902*	−0.082	0.741	−0.234	1	
	η_2	0.280	0.251	0.228	0.728	0.284	0.813*	−0.002	1
0.1	E_0	1							
	E_e	0.683	1						
	E_1	0.989**	0.743	1					
	E_2	−0.395	0.294	−0.278	1				
	T_{S1}	−0.260	0.307	−0.130	0.928**	1			
	T_{S2}	0.390	0.822**	0.487	0.641	0.626	1		
	η_1	0.358	0.819 *	0.475	0.676	0.780	0.934**	1	
	η_2	0.330	0.682	0.452	0.487	0.689	0.751	0.892 *	1
1	E_0	1							
	E_e	0.574	1						
	E_1	0.935**	0.653	1					
	E_2	0.042	−0.583	−0.090	1				
	T_{S1}	−0.436	0.0229	−0.469	0.257	1			
	T_{S2}	0.722	0.596	0.646	0.297	0.290	1		
	η_1	0.559	0.644	0.5006	0.210	0.492	0.966**	1	
	η_2	−0.099	0.438	0.237	−0.543	−0.018	−0.123	−0.013	1

注：** 表示差异极显著（$P\leqslant0.01$）；* 表示差异显著（$P\leqslant0.05$）。

通过相关性分析，探讨了红富士果皮拉伸松弛特性关系，结果见表 6-11。由表 6-11 可知，当加载速度为 0.01 mm/s 时，红富士果皮的零时弹性模量 E_0 与平衡弹性模量 E_e 呈极显著的正相关；平衡弹性模量 E_e 与衰变弹性模量 E_1 呈显著的正相关；衰变弹性模量 E_1 与黏滞系数 η_1 呈极显著的正相关；衰变弹性模量 E_2 与黏滞系数 η_1 呈显著的正相关。当加载速度为 0.1 mm/s 时，红富士果皮的零时弹性模量 E_0 与平衡弹性模量 E_e 呈极显著正相关，与衰变弹性模量 E_1、黏滞系数 η_1 呈显著正相关；平衡弹性模量 E_e 与衰变弹性模量 E_1、黏滞系数 η_1 呈显著正相关；平衡弹性模量 E_1 与黏滞系数 η_1 呈显著正相关；松弛时间 T_{S2} 与黏滞系数 η_2 呈极显著正相关。当加载速度为 1 mm/s 时，红富士果皮的零时弹性模量 E_0 与平衡弹性模量 E_e 呈极显著正相关；衰变弹性模量 E_1 与黏滞系数 η_2 呈显著正相关；衰变弹性模量 E_2 与松弛时间 T_{S1}、黏滞系数 η_1 呈极显著正相关；松弛时间 T_{S1} 与松弛时间 T_{S2} 呈显著负相关，与黏滞系数 η_1 呈极显著正相关；松弛时间 T_{S2} 与黏滞系数 η_1 呈显著负相关，与黏滞系数 η_2 呈显著正相关。

表 6-11 红富士果皮拉伸应力松弛特性参数相关性分析

加载速度 (mm/s)	指标	E_0 (MPa)	E_e (MPa)	E_1 (MPa)	E_2 (MPa)	T_{S1} (s)	T_{S2} (s)	η_1 (Pa·s)	η_2 (Pa·s)
0.01	E_0	1							
	E_e	0.996**	1						
	E_1	0.819*	0.820*	1					
	E_2	−0.427	−0.471	−0.800	1				
	T_{S1}	0.202	0.218	0.706	−0.879*	1			
	T_{S2}	−0.384	−0.444	−0.083	0.169	0.260	1		
	η_1	0.654	0.662	0.960**	−0.887*	0.860	0.062	1	
	η_2	−0.565	−0.637	−0.521	0.688	−0.302	0.753	−0.495	1
0.1	E_0	1							
	E_e	0.989**	1						
	E_1	0.905*	0.866*	1					
	E_2	0.383	0.302	0.172	1				
	T_{S1}	0.452	0.553	0.204	−0.101	1			
	T_{S2}	0.131	0.053	0.112	0.552	−0.646	1		
	η_1	0.820*	0.854*	0.820*	−0.114	0.687	−0.412	1	
	η_2	0.272	0.186	0.228	0.684	−0.565	0.980**	−0.300	1

（续）

加载速度 (mm/s)	指标	E_0 (MPa)	E_e (MPa)	E_1 (MPa)	E_2 (MPa)	T_{S1} (s)	T_{S2} (s)	η_1 (Pa・s)	η_2 (Pa・s)
1	E_0	1							
	E_e	0.996**	1						
	E_1	0.587	0.556	1					
	E_2	0.528	0.547	−0.374	1				
	T_{S1}	0.208	0.241	−0.657	0.921**	1			
	T_{S2}	0.033	0.006	0.722	−0.719	−0.907*	1		
	η_1	0.270	0.309	−0.593	0.917**	0.988**	−0.869*	1	
	η_2	0.445	0.412	0.820*	−0.340	−0.660	0.889*	−0.608	1

注：**表示差异极显著（$P \leqslant 0.01$）；*表示差异显著（$P \leqslant 0.05$）。

综上所述，在不同加载速度下丹霞零时弹性模量 E_0 与衰变弹性模量 E_1 均呈现出极显著的正相关，而与平衡弹性模量 E_e 仅在 0.01 mm/s 呈现出极显著的正相关；在不同加载速度下，红富士果皮零时弹性模量 E_0 与衰变弹性模量 E_1 呈现出显著的正相关或相关性不显著，而与平衡弹性模量 E_e 均呈现出极显著的正相关；在松弛过程中随着加载速度增加，零时弹性模量 E_0 越大，其残余变形越大，滞后损失就越多，表明随着加载速度的增大，丹霞果皮残余变形增大，滞后损失就越大；同时，也表明随着加载速度的增大，红富士果皮细胞壁一直保持弹性，而对果皮残余变形的影响不明显，反映出红富士果皮的质地相比丹霞果皮更接近于弹性体。当加载速度为 0.01 mm/s 时，丹霞果皮黏滞系数 η_1 与其零时弹性模量 E_0、平衡弹性模量 E_e、衰变弹性模量 E_1 均存在显著的正相关，在0.1 mm/s时黏滞系数 η_1 仅与平衡弹性模量 E_e 存在显著的正相关；在 1 mm/s 时黏滞系数 η_1 与零时弹性模量 E_0、平衡弹性模量 E_e、衰变弹性模量 E_1 呈正相关，但不显著，表明丹霞果皮在加载速度为 0.01 mm/s 松弛过程中其组织结构的流动性显著高于其他两个速度。当加载速度为 0.01 mm/s 时，红富士果皮黏滞系数 η_1 与衰变弹性模量 E_1 存在显著的正相关，当加载速度为 0.1 mm/s 时，红富士果皮黏滞系数 η_1 与零时弹性模量 E_0、平衡弹性模量 E_e、衰变弹性模量 E_1 均存在显著的正相关，当加载速度为 1 mm/s 时，红富士果皮黏滞系数 η_2 与衰变弹性模量 E_1 呈显著正相关，表明红富士果皮在加载速度为 0.1 mm/s 松弛过程中其组织结构的流动性显著高于其他两个速度。

（4）应力松弛特性参数的主成分

为了简化果皮质地的评价指标，对不同加载速度下果皮的松弛模型参数进行了主成分分析，选取特征值大于 1 的成分作为主成分。丹霞果皮主成分分析的特征值、特征向量、主成分见表 6 - 12，红富士果皮主成分分析的特征值、特征向量、主成分见表 6 - 13。

表 6 - 12　丹霞果皮拉伸应力松弛主成分的特征向量、特征值和贡献率

加载速度 (mm/s)	指标	主成分		
		1	2	3
0.01	零时弹性模量 E_0（MPa）	0.469 1	−0.037 5	−0.164 6
	平衡弹性模量 E_e（MPa）	0.468 6	−0.058 2	−0.146 0
	弹性模量 E_1（MPa）	0.473 6	−0.077 7	−0.088 8
	弹性模量 E_2（MPa）	0.165 5	0.444 5	−0.554 6
	黏滞系数 η_1（Pa·s）	0.439 1	−0.205 7	0.216 3
	黏滞系数 η_2（Pa·s）	0.165 0	0.629 6	0.010 8
	特征根	4.318 6	2.222 5	1.393 1
	贡献率（%）	53.98	27.78	17.41
	累积贡献（%）	53.98	81.76	99.18
0.1	零时弹性模量 E_0（MPa）	0.397 6	−0.291 0	0.066 9
	平衡弹性模量 E_e（MPa）	0.343 6	−0.377 0	0.230 5
	弹性模量 E_1（MPa）	0.445 0	0.003 4	−0.521 1
	弹性模量 E_2（MPa）	0.377 3	−0.317 3	0.311 5
	黏滞系数 η_1（Pa·s）	0.413 5	0.223 1	−0.436 1
	黏滞系数 η_2（Pa·s）	0.403 0	0.266 0	0.251 1
	特征根	4.698 6	3.017 1	0.244 0
	贡献率（%）	58.73	37.71	3.05
	累积贡献（%）	58.73	96.45	99.49
1	零时弹性模量 E_0（MPa）	0.453 2	−0.138 8	0.025 8
	平衡弹性模量 E_e（MPa）	0.425 0	−0.136 2	0.285 3
	弹性模量 E_1（MPa）	0.374 4	−0.080 6	−0.510 9
	弹性模量 E_2（MPa）	0.421 4	−0.206 3	0.188 3
	黏滞系数 η_1（Pa·s）	0.398 9	0.352 6	0.066 7
	黏滞系数 η_2（Pa·s）	0.362 8	0.429 4	−0.122 9
	特征根	4.664 6	1.989 6	1.273 2
	贡献率（%）	58.31	24.87	15.91
	累积贡献（%）	58.31	83.18	99.09

表 6-13　红富士果皮拉伸应力松弛主成分的特征向量、特征值和贡献率

加载速度（mm/s）	指标	主成分	
		1	2
0.01	零时弹性模量 E_0（MPa）	0.3644	−0.2576
	平衡弹性模量 E_e（MPa）	0.3759	−0.2789
	弹性模量 E_1（MPa）	0.4269	0.1201
	弹性模量 E_2（MPa）	−0.3887	−0.2108
	黏滞系数 η_1（Pa·s）	0.4133	0.2678
	黏滞系数 η_2（Pa·s）	−0.3326	0.3262
	特征根	5.0139	1.9190
	贡献率（%）	62.67	23.99
	累积贡献（%）	62.67	86.66
0.1	零时弹性模量 E_0（MPa）	0.4436	0.2334
	平衡弹性模量 E_e（MPa）	0.4594	0.1881
	弹性模量 E_1（MPa）	0.4596	0.1888
	弹性模量 E_2（MPa）	−0.0111	0.4391
	黏滞系数 η_1（Pa·s）	0.4841	−0.0922
	黏滞系数 η_2（Pa·s）	−0.0659	0.5346
	特征根	4.1406	3.3874
	贡献率（%）	51.76	42.34
	累积贡献（%）	51.76	94.10
1	零时弹性模量 E_0（MPa）	0.0181	0.5800
	平衡弹性模量 E_e（MPa）	0.0337	0.5774
	弹性模量 E_1（MPa）	−0.3491	0.3484
	弹性模量 E_2（MPa）	0.3840	0.2971
	黏滞系数 η_1（Pa·s）	0.4401	0.1424
	黏滞系数 η_2（Pa·s）	−0.3660	0.2947
	特征根	4.7037	2.9470
	贡献率（%）	58.80	36.84
	累积贡献（%）	58.80	95.63

由表 6-12 可知，在加载速度为 0.01 mm/s、0.1 mm/s、1 mm/s 时，丹霞果皮主成分的累积贡献率分别达到了 99.18%、99.49%和 99.09%，包含了大部分的原始数据信息，能够起到简化评价指标的目的。由表 6-13 可知，在加载速度为 0.01 mm/s、0.1 mm/s、1 mm/s 时，红富士果皮主成分的累积贡

献率分别达到了 86.66%、94.10%和 95.63%。为体现两种果皮质地的差异，本文选取主成分在对应的特征向量中相关系数≥0.30 的值作为果皮质地的评价因子。

由表 6-12 可知，在加载速度为 0.01 mm/s 时，丹霞果皮第一主成分在对应的特征向量中相关系数较大的为零时弹性模量 E_0、平衡弹性模量 E_e、弹性模量 E_1 和黏滞系数 η_1，且弹性模量 E_1 相关系数值最大，代表果皮中的弹性因子，其贡献率的和为 53.98%；第二主成分在对应的特征向量中相关系数较大的为弹性模量 E_2 和黏滞系数 η_2，且黏滞系数 η_2 相关系数值最大，代表果皮中的黏性因子，其贡献率的和为 27.78%；第三主成分在对应的特征向量中相关系数较大的为弹性模量 E_2，其贡献率的和为 17.41%。在加载速度为 0.1 mm/s时，丹霞果皮第一主成分在对应的特征向量中相关系数较大的为零时弹性模量 E_0、平衡弹性模量 E_e、弹性模量 E_1、弹性模量 E_2、黏滞系数 η_1 和黏滞系数 η_2，且弹性模量 E_1 的相关系数值最大，其贡献率的和为 58.73%；第二主成分在对应的特征向量中相关系数较大的为平衡弹性模量 E_e 和弹性模量 E_2，其贡献率的和为 37.71%；第三主成分在对应的特征向量中相关系数较大的为弹性模量 E_1、弹性模量 E_2 和黏滞系数 η_1，且弹性模量 E_1 相关系数绝对值最大，其贡献率的和为 3.05%。在加载速度为 1 mm/s 时，丹霞果皮第一主成分在对应的特征向量中相关系数较大的为零时弹性模量 E_0、平衡弹性模量 E_e、弹性模量 E_1、弹性模量 E_2、黏滞系数 η_1 和黏滞系数 η_2，且零时弹性模量 E_0 的相关系数值最大，其贡献率的和为 58.31%；第二主成分在对应的特征向量中相关系数较大的为黏滞系数 η_1 和黏滞系数 η_2，代表果皮中的黏性因子，其贡献率的和为 24.87%；第三主成分在对应的特征向量中相关系数较大的为弹性模量 E_1，其贡献率的和为 15.91%。

由表 6-13 可知，在加载速度为 0.01 mm/s 时，红富士果皮第一主成分在对应的特征向量中相关系数较大的为零时弹性模量 E_0、平衡弹性模量 E_e、弹性模量 E_1、弹性模量 E_2、黏滞系数 η_1 和黏滞系数 η_2，且弹性模量 E_1 的相关系数值最大，代表果皮中的弹性因子，其贡献率的和为 62.67%；第二主成分在对应的特征向量中相关系数较大的为黏滞系数 η_2，代表果皮中的黏性因子，其贡献率的和为 23.99%。在加载速度为 0.1 mm/s 时，红富士果皮第一主成分在对应的特征向量中相关系数较大的为零时弹性模量 E_0、平衡弹性模量 E_e、弹性模量 E_1 和黏滞系数 η_1，且黏滞系数 η_1 相关系数值最大，其贡献率的和为 51.76%；第二主成分在对应的特征向量中相关系数较大的为弹性模量 E_2 和黏滞系数 η_2，且黏滞系数 η_2 相关系数值最大，其贡献率的和为

42.34%。在加载速度为 1 mm/s 时，红富士果皮第一主成分在对应的特征向量中相关系数较大的为弹性模量 E_1、弹性模量 E_2、黏滞系数 η_1 和黏滞系数 η_2，且黏滞系数 η_1 相关系数的绝对值最大，其贡献率的和为 58.80%；第二主成分在对应的特征向量中相关系数较大的为零时弹性模量 E_0、平衡弹性模量 E_e 和弹性模量 E_1，代表果皮中的黏性因子，其贡献率的和为 36.84%。

上述分析表明，不同加载速度下丹霞和红富士果皮第一、第二、第三主成分中代表果皮中的弹性因子的零时弹性模量 E_0、平衡弹性模量 E_e、弹性模量 E_1、弹性模量 E_2 的贡献率的和均大于其代表黏性因子的黏滞系数 η_1 及 η_2 的贡献率的和；加载速度不同时，果皮中的黏性因子和弹性因子贡献率的和存在差异，随着加载速度的增大，红富士果皮中黏性因子的贡献率逐渐减小。

6.4 不同种类果皮流变性质研究

果蔬果皮作为果实最外层的组成部分，是果实采收、运输、包装、贮藏及加工过程中最先损伤的部分，研究果蔬果皮的流变特性对其质地评价体系的完善具有重要意义。

6.4.1 试样材料及方法

试验材料为成熟后丹霞、酥梨、台农芒果、长茄子。试验研究了不同品种果蔬果皮应力松弛特性的差异，将果皮制成 40 mm×15 mm×t mm（t 为果皮试样厚度）规格的试样夹持在试验机上进行应力松弛试验，试验装置同果皮拉伸试验。根据对果蔬果皮拉伸时获得的拉伸曲线图及拉伸特性指标数据进行分析，设定应力松弛试验的加载载荷为 0.5 N，即当载荷达到 0.5 N 时停止加载后，一直保持此时的变形量，而且此变形量属于果皮弹性变形范围内，测得应力与时间的函数关系，每一品种取样样本数均为 5，设定该试验的加载速度为 0.01 mm/s，丹霞、酥梨、台农芒果、长茄子果皮的厚度范围分别为（0.275±0.021）mm、（0.697±0.033）mm、（0.738±0.058）mm 和（0.650±0.037）mm。为了获得果蔬果皮的应力松弛参数，采用了五元件广义的麦克斯韦模型对应力松弛曲线进行模拟。

6.4.2 试验结果与分析

试验获得的不同品种果蔬果皮应力松弛的试验数据点通过五元件麦克斯韦拟合后的松弛模型参数均值见表 6-14。从表 6-14 中可以看出，丹霞、酥梨、台农芒果、长茄子果皮五元件麦克斯韦模型的拟合度可达到0.99以上，表明五元件麦克斯韦模型能够很好地反映果皮组织的应力松弛特性，因此，可以采用五元件麦克斯韦模型来表达果蔬果皮的流变松弛特性。4种果皮在五元件麦克斯韦模型模拟合下的回归方差显著性概率 P 值均小于0.001，表明回归模型的可信度较高。

表6-14　不同品种果蔬果皮松弛模型及拟合参数

品种	松弛模型	拟合参数					拟合度
		E_1	E_2	E_e	T_{S1}	T_{S2}	
丹霞	五元件 Maxwell	25.06	1.83	21.07	5.63	63.21	0.99
酥梨	五元件 Maxwell	20.73	5.74	16.33	8.18	238.02	0.99
台农芒果	五元件 Maxwell	13.35	0.66	1.96	5.23	39.51	0.99
长茄子	五元件 Maxwell	28.09	0.21	1.47	8.68	45.72	0.99

4种果皮应力松弛试验的试验数据通过五元件麦克斯韦模型所获得的弹性参数为 E_e、E_1、E_2，由表6-14可知，丹霞和酥梨果皮的平衡弹性系数 E_e 的均值远远大于其他两种果皮的，而平衡弹性系数 E_e 的值越大，表明生物组织结构细胞壁的弹性越强，细胞内部膨压初值越大；台农芒果、茄子果皮的弹性系数 E_1 远远大于其平衡弹性系数 E_e，表明弹性系数 E_1 对其拟合模型的贡献较大；而丹霞、酥梨果皮的弹性系数 E_1 的均值均与其对应的平衡弹性系数 E_e 差异不大，则表明其弹性系数 E_1、E_e 对其模型总体贡献相差不大。

由表6-14可以看出，4种果皮的松弛时间 T_{M2} 以酥梨果皮的最大，台农芒果的最小；松弛时间 T_{S1}、T_{S2} 是材料达到初始应变的36.8%所需要的时间，生物材料越软，细胞的流变性质越好，应力松弛得越快，松弛时间越短，同时松弛时间可代表了组织细胞壁的黏性特征，即松弛时间越短，生物组织结构的黏性越小，从而也可反映出酥梨果皮的弹性最差。

对试验所获得的初始应力和应变保持数据点处理的结果如表6-15所示。由表6-15可知，在相同载荷作用下果皮的应变保持均值以长茄子果皮的最大，酥梨果皮的最小。应力松弛是材料在常应变条件下，为了抵抗外部载荷而减小自身组织内应力的一种能力。对3种果皮的应变保持进行独立样本 t 检验，结果表明，长茄子果皮的初始应力应变保持与丹霞、酥梨、台农芒果均存在极显著性的差异（$P \leqslant 0.001$）；长茄子果皮抵御外载荷的能力显著强于其他两种果皮，而酥梨果皮对损伤的敏感度显著高于其他两种果皮。

表 6-15　不同品种果蔬果皮松弛的应变保持

品种	应变保持
丹霞	0.007 8±0.004 8c
酥梨	0.002 1±0.000 6c
台农芒果	0.019 1±0.003 0b
长茄子	0.034 2±0.012 8a

第7章　果蔬果皮细观力学机理分析

7.1　概述

果蔬组织结构是由许多复杂的细胞聚合而成，其细胞的形状及大小、细胞间隙的宽度等微观特征与果蔬的宏观力学性质均密切相关，因而许多学者通过研究果蔬的细观特征来解释其宏观力学性质的差异；果皮作为果蔬果实可食部分的天然“包装”，其结构特性在很大程度上决定了果蔬产品的品质。果蔬果皮的构成包括角质层、表皮和数目不等的皮下细胞层，果皮最重要的功能是保护果实不受环境胁迫以及调节自身呼吸和蒸散的生理作用，一些果蔬的果皮较果肉含有更多的生物活性物质，有助于预防慢性疾病。果蔬果皮具有轻薄的特点，组织结构较为简单，微观结构观测手段也相对简单，柴奕丰通过扫描电镜技术对苹果果皮表面蜡质随贮藏时间产生的变化进行了分析，随贮藏时间增加，果皮表面蜡质沟逐渐光滑，结构紧凑，变化明显；王菊霞选用光学显微镜对不同品种苹果果皮进行了微观结构观察，观察细胞形状与果点形态，分析微观结构不同对果皮力学特性的影响。近年来，国内外学者对果蔬果皮的生物力学性质进行了大量的研究，主要是集中在对果皮宏观力学参数的测量方面，同时也发现果皮的生物力学性质直接影响着果皮的抗裂性能和果皮的展性。通过在前面几章中对果蔬果皮的宏观力学性质进行深入细致的研究，发现果蔬果皮品种不同其力学性质存在差异，为了探究这些差异存在的机理，需要研究果蔬果皮材料的微观组织结构与果皮宏观力学性质的关系，建立果皮宏观力学性质与细观组织结构的联系，为果蔬品种的优种优育提供深入的理性支持和科学的调控方法。本章研究主要包括不同品种果蔬果皮微观组织结构的观察和测定，微观结构差异的相关分析及建立果皮宏观力学性质和微观组织结构联系的相关分析和讨论。

7.2　微观结构观察方法

果蔬果皮组织微观结构的观察采用了 LM 和 SEM 两种方法。光学显微镜

（light microscope，LM）系统主要由物镜、目镜、聚光镜、反光镜等组成；目镜是位于人眼附近实现第二级放大的镜头，可将已被物镜放大的、分辨清晰的实像进一步放大，达到人眼能容易分辨清楚的程度；聚光镜的作用相当于凸透镜，达到聚集光线的作用，使更多的光能集中到被观察的部位，以增强标本的照明；而反光镜的作用是使由光源发出的光线或天然光射向聚光器。利用光学显微镜，人们将无法用人眼分辨的微小物体放大成像，观察到许多微小生物和构成生物的基本单元——细胞，使我们对生物体的生命活动规律有了进一步的认识。扫描电子显微镜（scanning electron microscopy，SEM）是以电子束作为照明源，把聚焦很细的电子束以光栅状扫描方式照射到被分析试样的表面上，利用入射电子和试验表面物质相互作用所产生的二次电子成像，产生各种试样性质相关的信息，然后加以收集和处理，获得试样表面微观组织结构和形貌信息。扫描电镜可对大的、厚的、粗糙的试样实现立体观察和分析，但在本试验中扫描电镜的果皮试样是经过脱水制备而成，不能够直接观察到果皮活的结构组织，因此，同时采用了光学显微镜观察果皮，从而实现果皮活体样本的实时、动态的观察，与扫描电子显微镜观察配合实现互补作用。

7.3 果皮电镜扫描观察研究

7.3.1 试验材料、仪器及方法

试验材料为成熟期的丹霞、红富士和新红星苹果、酥梨、台农芒果、长茄子，采摘后在室温条件下进行存放，在贮藏 0 d 时分别对 5 种果皮进行电镜扫描观察；并在贮藏 14 d、28 d 时对丹霞、红富士和新红星苹果果皮进行电镜扫描观察。同种果蔬在同一贮藏期试验样本数均为 5 个，即在苹果果皮的向阳面和向阴面及酥梨、台农芒果、长茄子果皮上取样，并切成适当的小段备用，将取下的样品迅速放到 3%戊二醛固定液（0.1 mol/L，pH=7.2磷酸盐缓冲液配制）中，真空泵抽气使材料下沉，在 0～4 ℃下固定 2 d。用相同的缓冲液洗涤 3 次，每次 15 min，采用系列乙醇 30%、50%、70%、80%、90%、95%逐级脱水，每次 20 min，然后用叔丁醇置换，JEOL JFD - 320 冷冻干燥，把干燥好的材料用导电胶带粘在样品台上，用 JEOL JFC - 1600 离子溅射镀膜仪喷镀铂金，将喷镀好的材料放入 JEOL JEM - 6490 LV 扫描电子显微镜下进行形态观察。

7.3.2 鲜果果皮电镜扫描观察

（1）苹果果皮电镜扫描观察

贮藏 0 d 时丹霞、红富士和新红星的向阳面和向阴面果皮表面扫描电镜试验图，如图 7-1、图 7-2、图 7-3 所示。从图 7-1 可以看出，新红星鲜果向阳面果皮上基本上不存在微裂纹，向阴面果皮上的微裂纹数量多且相互垂直呈网状分布，微裂纹的平均宽度为 5.68 μm。从图 7-2 可知，红富士向阳面和向阴面果皮上都存在的微裂纹且均呈平行排列、微裂纹的断裂面不整齐，微裂

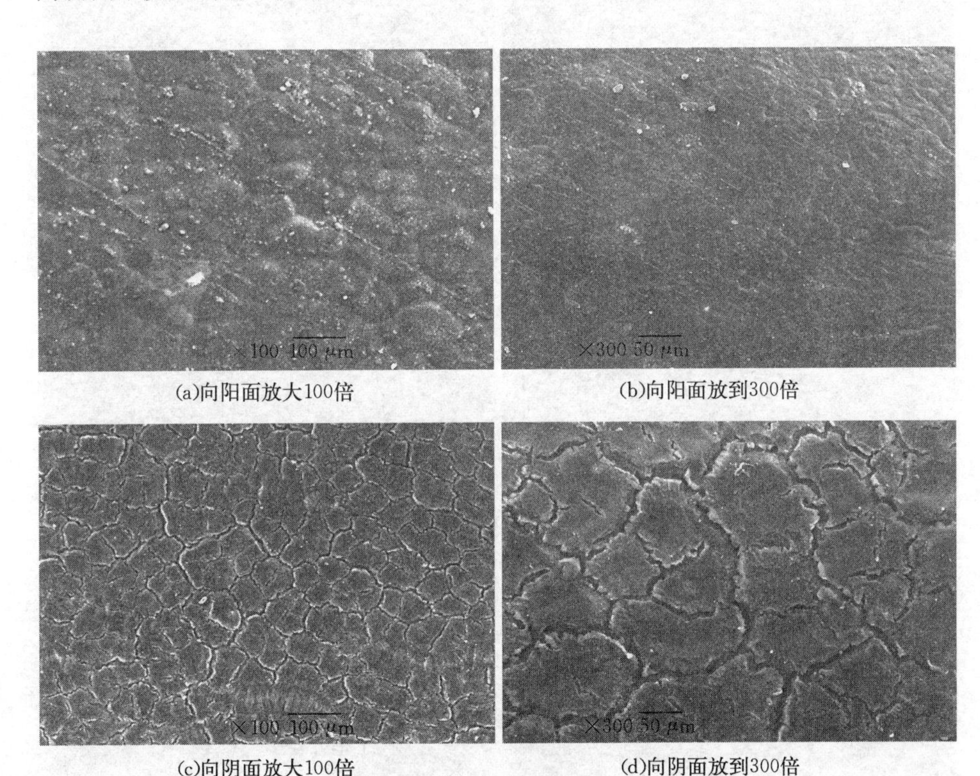

(a)向阳面放大100倍　(b)向阳面放到300倍

(c)向阴面放大100倍　(d)向阴面放到300倍

图 7-1　新红星鲜果果皮表面扫描显微结构

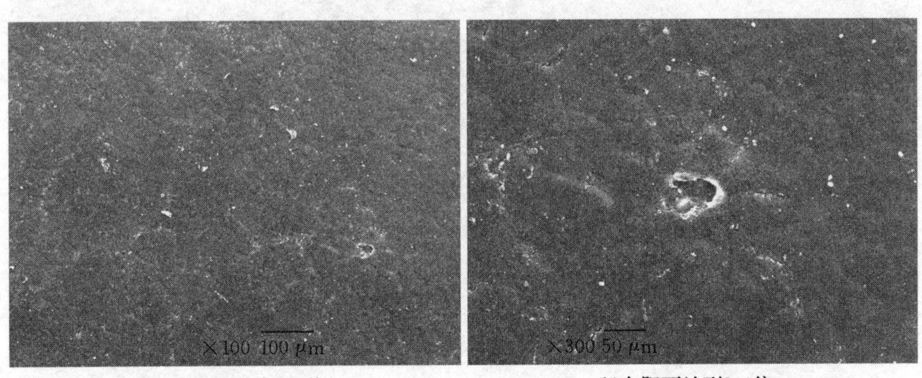

(a)向阳面放大100倍　(b)向阳面放到300倍

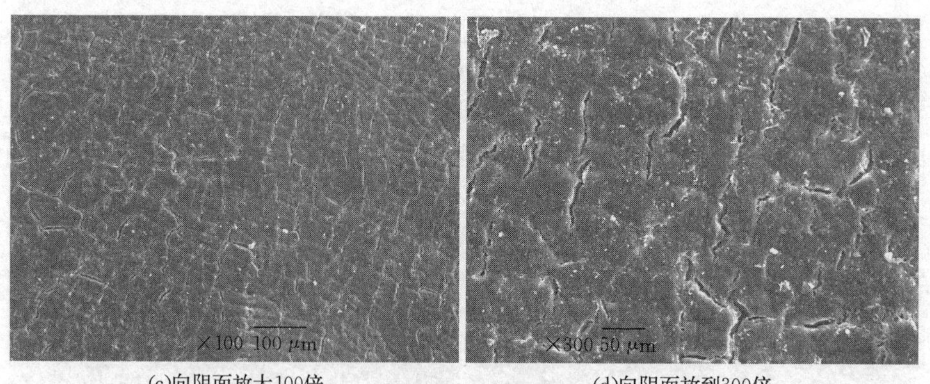

(c)向阴面放大100倍　　(d)向阴面放到300倍

图 7-2　红富士鲜果果皮表面扫描显微结构

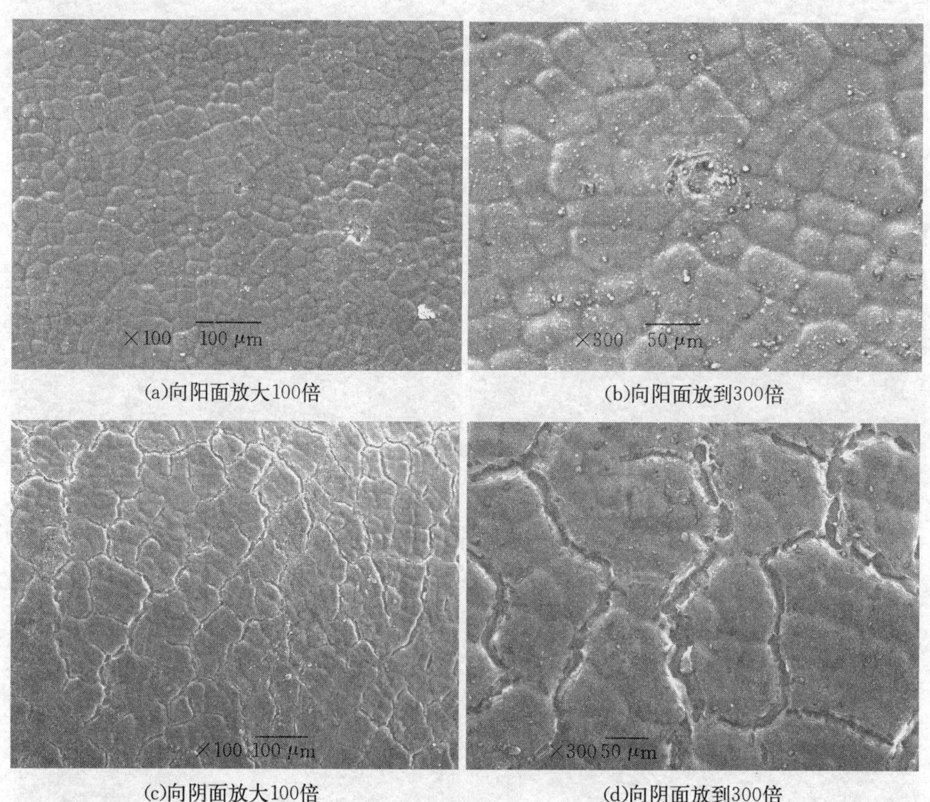

(a)向阳面放大100倍　　(b)向阳面放到300倍

(c)向阴面放大100倍　　(d)向阴面放到300倍

图 7-3　丹霞鲜果果皮表面扫描显微结构

纹的平均宽度为 7.28 μm，向阳面微裂纹的数量远小于其向阴面微裂纹的数量。从图 7-3 可以看出，丹霞向阳面果皮上基本上不存在微裂纹，而向阴面果皮上的微裂纹数量较多，且又深又宽，其微裂纹的平均宽度为 12.8 μm，分布状态介于红富士和新红星之间，同时从丹霞、红富士、新红星苹果果皮表面的显微结构图中均可以看出，表皮细胞的形状均呈多边形。

贮藏 0 d 时丹霞、红富士和新红星的向阳面和向阴面果皮横截面扫描电镜试验图，如图 7-4、图 7-5、图 7-6 所示。由图 7-4、图 7-5、图 7-6 果皮的横截面显微结构图可以看出，苹果果皮由角质层、表皮细胞及下皮层细胞组成，角质层覆盖在表皮细胞外表面上，与表皮细胞一起对果实起到保护和保鲜的作用；3 种果皮表面角质层的内部结构存在明显的差异，即使是同一品种果皮向阳面和向阴面表面角质层的结构也不相同。

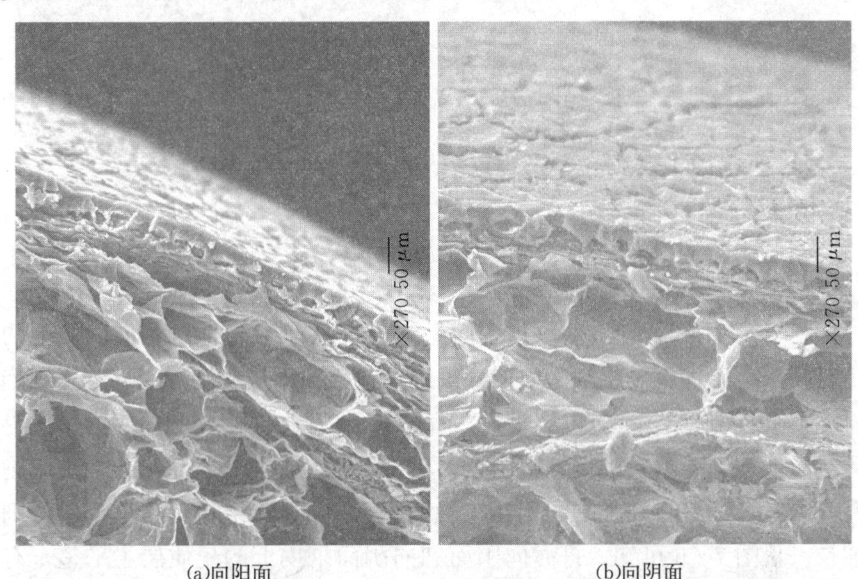

(a)向阳面　　(b)向阴面

图 7-4　新红星鲜果果皮横截面扫描显微结构

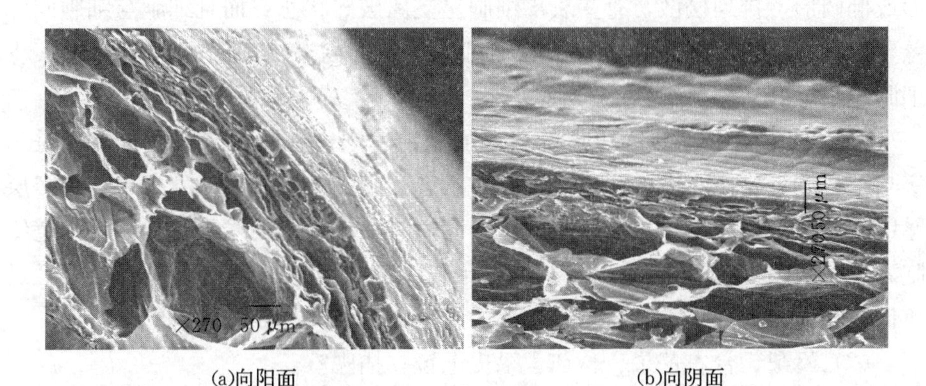

(a)向阳面　　(b)向阴面

图 7-5　红富士鲜果果皮横截面扫描显微结构

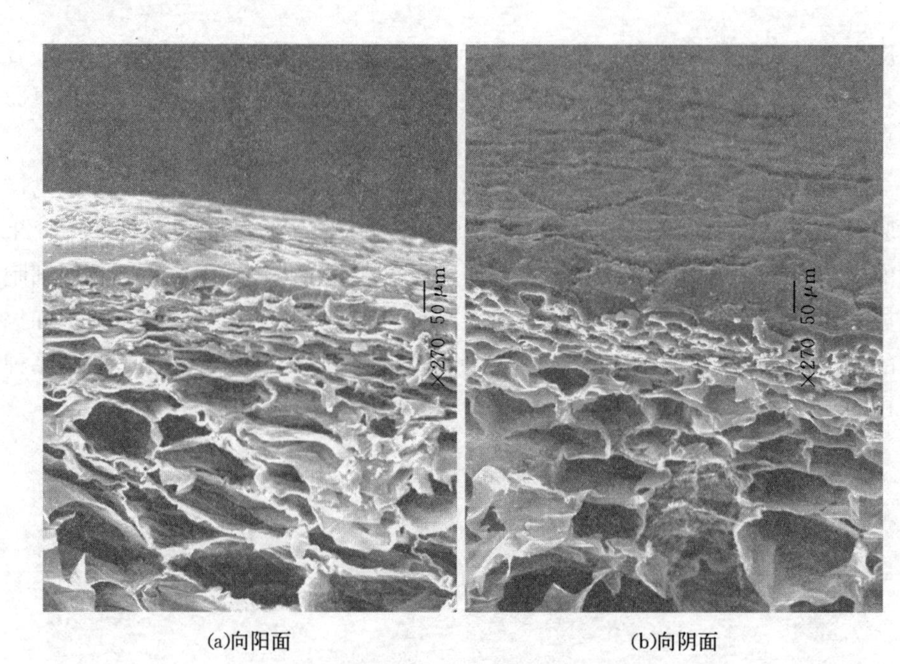

(a)向阳面　　(b)向阴面

图 7-6　丹霞鲜果果皮横截面扫描显微结构

从图 7-4 中知，新红星果皮表面上的角质层有 V 形凹陷且向阴面上的凹陷相对较深；表皮由单层细胞组成，细胞形状为圆形或椭圆形；下皮层细胞有 4～5 层，皮下层细胞较大。从图 7-5 可知，红富士向阳面和向阴面果皮上的角质层质地均匀一致，表皮细胞层也为单层，细胞形状呈长条形，表皮细胞排列整齐紧凑，细胞与细胞之间相互接触面积大；下皮层细胞有 3～4 层，细胞较细长。从图 7-6 可知，丹霞向阳面和向阴面果皮上的角质层不平整，有较深的 V 形凹陷，其向阴面角质层的不平整及凹陷更严重，表皮细胞形状呈圆形或椭圆形，排列松散，有些表皮细胞呈支离破碎状态，而且细胞与细胞间距差异较大；下皮层细胞有 4～5 层，细胞排列较紧密，细胞小，且越接近表皮细胞越小。

图 7-7 为 3 种果皮上果点的典型显微结构图。果点在果实发育前期是果实与外界进行物质交换的通道，呈开放状态，随着果实的后期发育果点被多层厚壁细胞填充，使得果皮更紧凑致密，同时有一层较厚的木栓层覆盖在厚壁细胞表层。从图 7-7 中可看出，新红星果皮上的果点形状近似为椭圆形而且过渡比较光滑，而丹霞、红富士果皮上的果点近似为夹角比较尖锐的四边形。

(2) 酥梨、台农芒果、长茄子果皮电镜扫描观察

图 7-8 为酥梨、台农芒果、长茄子果皮表面的显微结构。通过 MatLAB

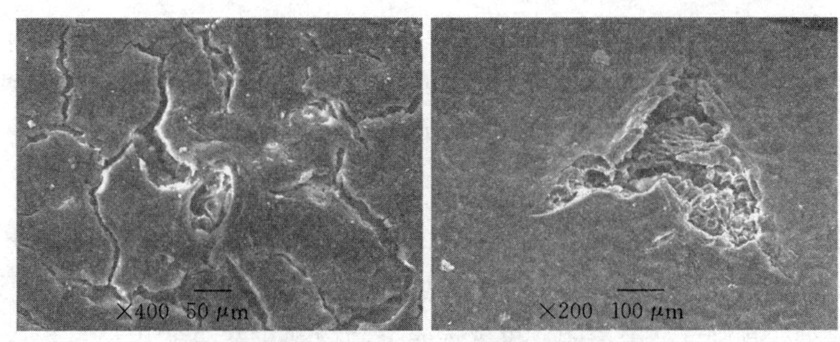

(a)新红星　　(b)红富士

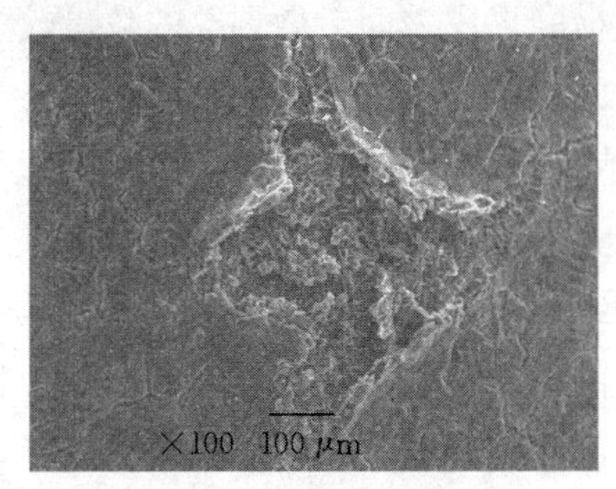

(c)丹霞

图 7-7　鲜果果皮果点扫描显微结构

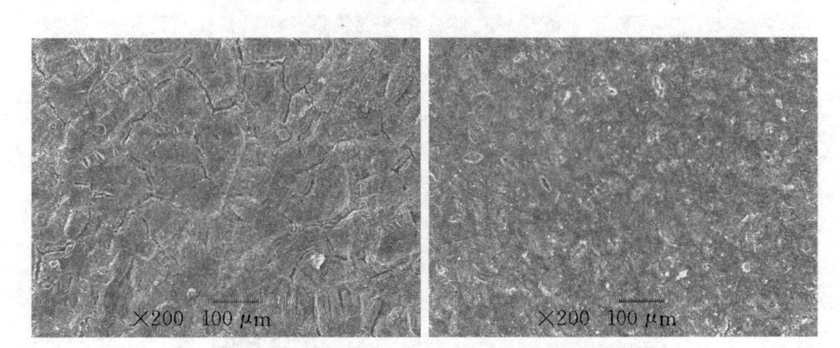

(a)酥梨　　(b)台农芒果

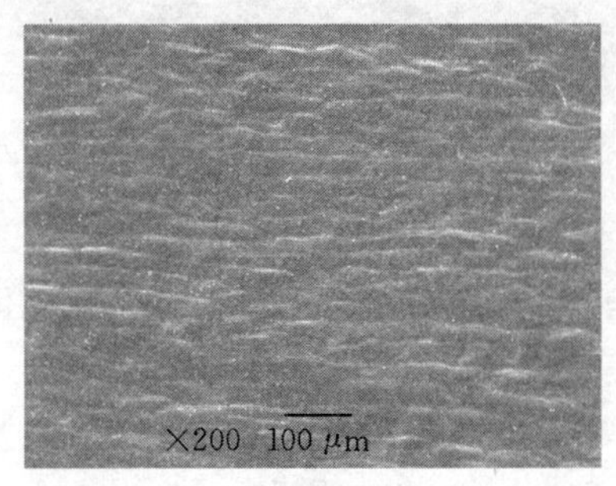

(c)长茄子

图 7-8　酥梨、台农芒果、长茄子果皮表面显微结构

程序对扫描显微结构图中所呈现的微裂纹进行测量，获得微裂纹的范围为2.88～17.02 μm，平均宽度为7.28 μm；酥梨果皮表面有小的山丘状突起，无法辨识表皮细胞形状，表面存在大量的微裂纹，呈网状分布，微裂纹的断裂面较整齐，微裂纹的宽度范围为1.12～15.42 μm，均值为4.34 μm；台农芒果果皮表面粗糙，形成角质花纹，微裂纹分布不规则，微裂纹宽度的范围为1.41～13.54 μm，均值为5.86 μm；长茄子果皮表面不存在微裂纹，表皮细胞形状呈长条状，排列较规则。研究表明，果皮表面上的微裂纹在果实生长过程中因果实发育和膨大形成，且粗糙的果皮表面上微裂纹的数量较多，果皮表面微裂纹数量对不同品种苹果果皮的抗拉强度具有影响。

图7-9为酥梨、台农芒果、长茄子果皮果点的显微结构，从图7-9可知，不同品种果蔬果皮上果点的形状各不相同，酥梨果点的形状比较圆滑可近视为圆形，但其边缘的组织不连续，在中心可看到有微微隆起的组织；台农芒果果皮上果点的形状呈圆形，在中心处的组织有凹陷；长茄子果皮上果点的形状近似为椭圆形而且过渡比较光滑，表明长茄子果皮在拉伸过程中果点应力集中程度相比其他品种的低，果皮的抗拉强度较大。

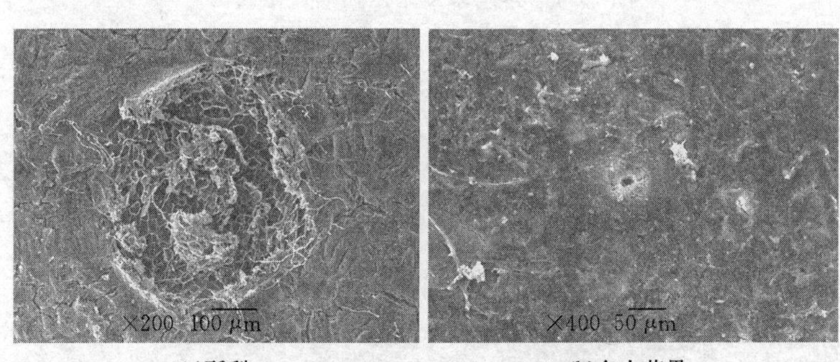

(a)酥梨　　(b)台农芒果

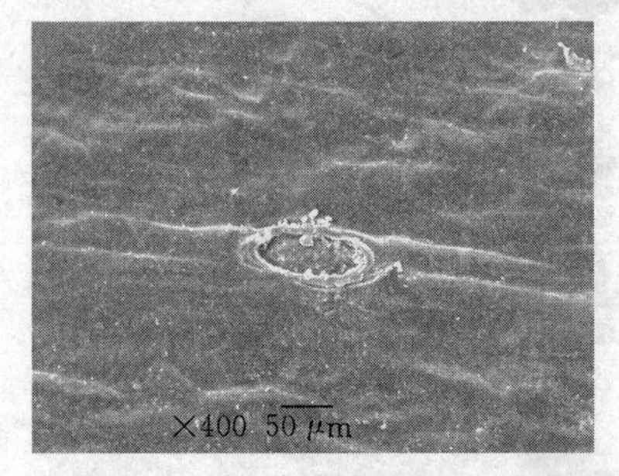

(c)长茄子

图7-9　酥梨、台农芒果、长茄子果皮果点显微结构

7.3.3 贮藏期果皮电镜扫描观察

图 7－10、图 7－11、图 7－12 分别为贮藏期间新红星、红富士、丹霞果

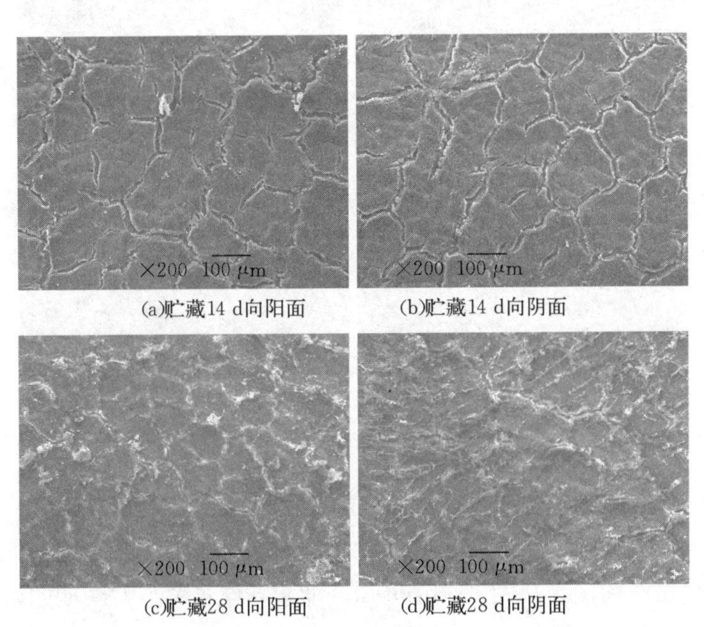

图 7－10 新红星贮藏期间果皮表面扫描显微结构

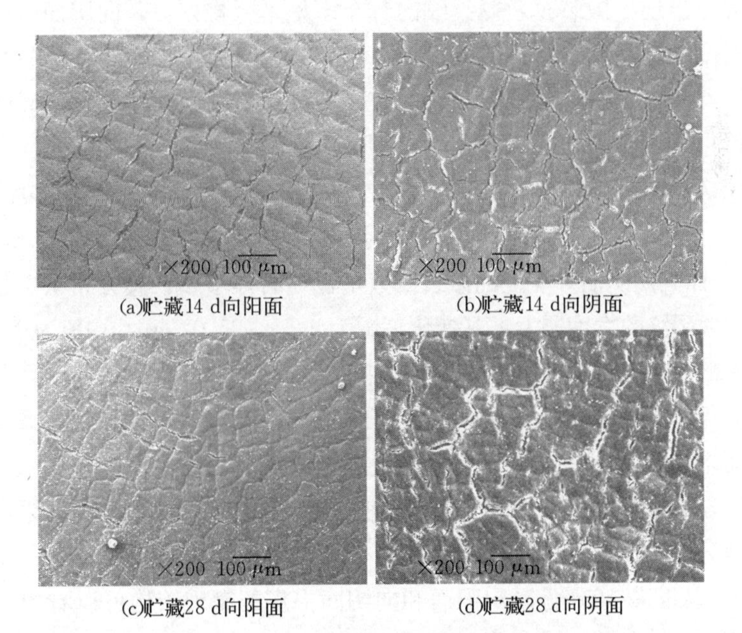

图 7－11 红富士贮藏期间果皮表面扫描显微结构

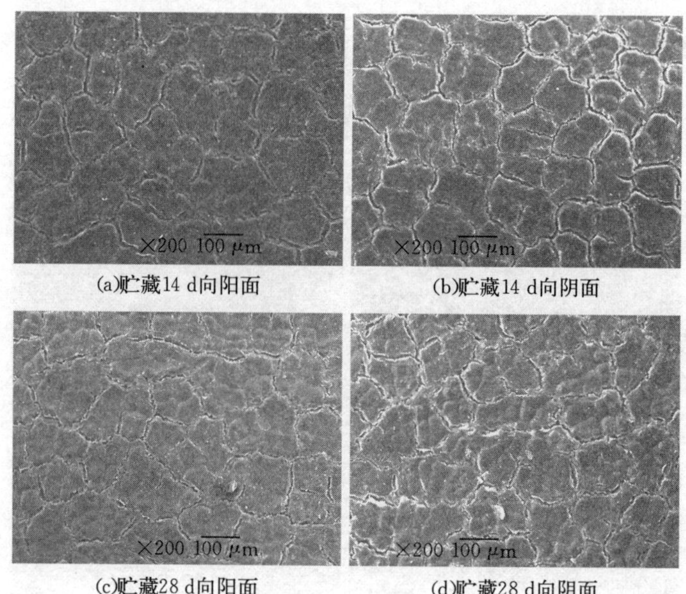

(a)贮藏14 d向阳面　(b)贮藏14 d向阴面

(c)贮藏28 d向阳面　(d)贮藏28 d向阴面

图 7-12　丹霞贮藏期间果皮表面扫描显微结构

皮表面的显微结构图。从图 7-10 可知，随着新红星苹果贮藏期的延长，其向阳面和向阴面果皮表面显微结构发生了很大的变化。新红星在贮藏 14 d 时向阳面果皮也出现了微裂纹，微裂纹的分布多呈平行排列，其向阴面果皮上的微裂纹的宽度加剧；新红星在贮藏 28 d 时，其向阳面和向阴面果皮上的角质层破碎程度严重，同时也可以看出有的破碎后的角质层脱落覆盖在表面的微裂纹上，使得果皮上微裂纹的边界难以辨别。

由图 7-11 可以看出，红富士在贮藏 14 d 时向阳面果皮上微裂纹的数量明显增多，其分布状态仍然呈平行排列，其宽度范围为 2～17.76 μm，均值为 7.16 μm，而其向阴面果皮上的微裂纹数量也显著地增多，其分布状态趋向于网状分布，微裂纹的宽度增大，其变化范围为 3.55～25.02 μm，均值为 10.18 μm；红富士在贮藏 28 d 时向阳面和向阴面果皮上的微裂纹清晰可辨，但可以看到果皮上的角质层有破碎脱落的迹象。图 7-12 中，丹霞果皮在贮藏 14 d 时，其向阳面果皮出现了呈网状分布的微裂纹，而其向阴面果皮上微裂纹的数量也不断增多，有少量脱离下来的角质层碎块，并测得向阳面和向阴面果皮的微裂纹的宽度分别为 7.28～19.75 μm、4.5～13.12 μm，其均值分别为 14.87 μm、8.07 μm；从贮藏 28 d 丹霞向阳面和向阴面果皮的微观结构可以看出，向阳面和向阴面果皮上的微裂纹数量没有明显增多，而微裂纹被脱落下来的角质层碎块填充，变得更加不整齐。

7.4 果皮光学显微镜观察

7.4.1 试验材料、仪器及方法

试验材料为贮藏4个多月的丹霞、红富士和新红星苹果，果实于成熟期采摘后在土窖贮藏，贮藏温度为3～5 ℃。同一品种苹果试验样本数均为5个，在果皮的向阳面和向阴面上徒手用刀片取样，将取下的样品迅速放到70%酒精中，然后倒出，再加入50%酒精浸泡5 min，用1%番红的50%酒精溶液染色1～3 h；用1%的固绿的95%酒精染色0.5～3 min，用75%的酒精洗去多余的染料；之后将载玻片和盖玻片清洗干净，晾干，将处理好的材料放置在载玻片上盖上盖玻片，固定好，放在显微镜下进行观察，并保存观察得到的组织结构图片。

试验使用了双面刀片、小刀、清水、镊子、剪刀、培养皿、滴管、放大镜、吸水纸、载玻片、酒精、盖玻片、载玻片等工具及试剂来制取果皮试样，并采用400倍的Olympus显微镜BH2与PM-10AD适应装置进行光镜观察。

7.4.2 试验原理

徒手切片法是指手持刀片将新鲜的或固定的实验材料切成薄片的制片方法。即左手夹住材料，用右手平稳地握着刀片，切片时使刀片与材料的断面保持平行，动作要均匀有力。徒手切片法所做的切片通常不经染色或经染色后，封藏于水中即可观察，制作比较简单、耗时少，能够保持果皮活体的状态，及时观察到组织结构的特征，有很大的实用价值。常用于研究植物解剖结构、细胞组织化学成分及石蜡切片等。同时，它具有利于临时观察、能够较快地获取结果的优点。好的切片应该是薄且比较透明、组织结构完整，否则要重新进行切片。

7.4.3 果皮光学显微镜观察

图7-13为3种果皮在光学显微镜下放大200倍果皮表面上的细胞微观结构。从图7-13可知，果皮表面上的细胞饱满，排列紧密，细胞形状呈五边形或六边形。

图7-14为丹霞、红富士、新红星苹果果皮在光学显微镜放大50倍果皮果点的微观结构。从图7-14可知，不同品种果皮上果点的形状各不相同，但

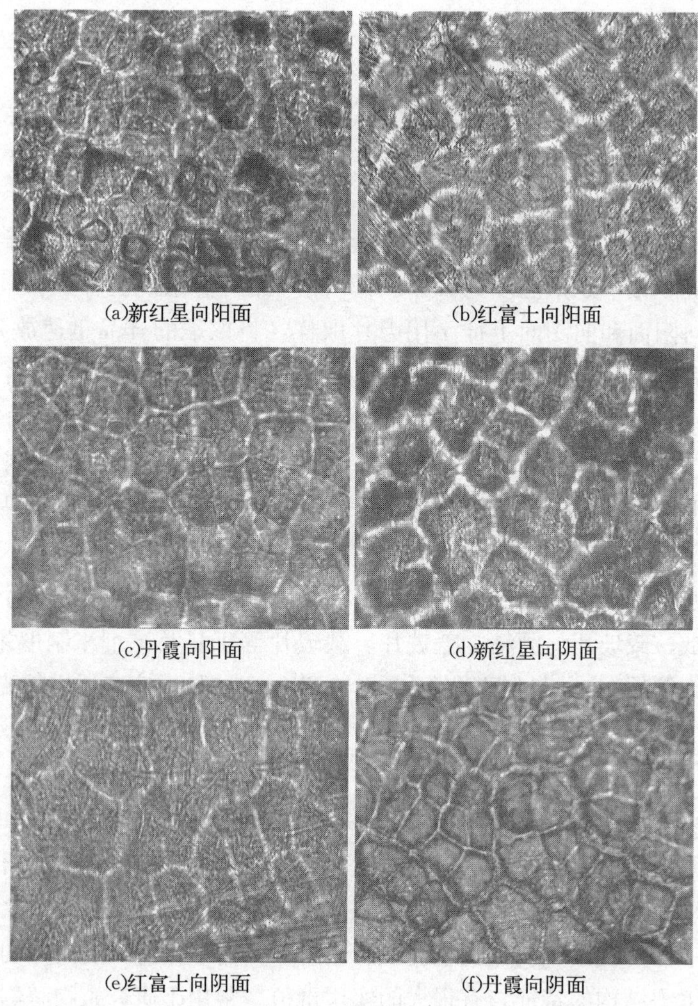

图 7－13　鲜果果皮表面光镜微观结构图（附彩图）

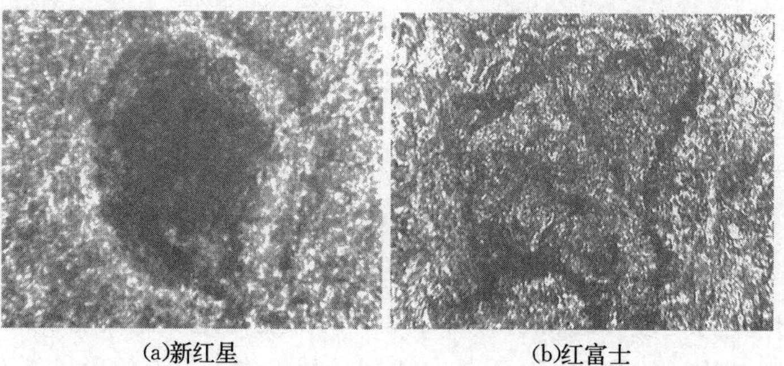

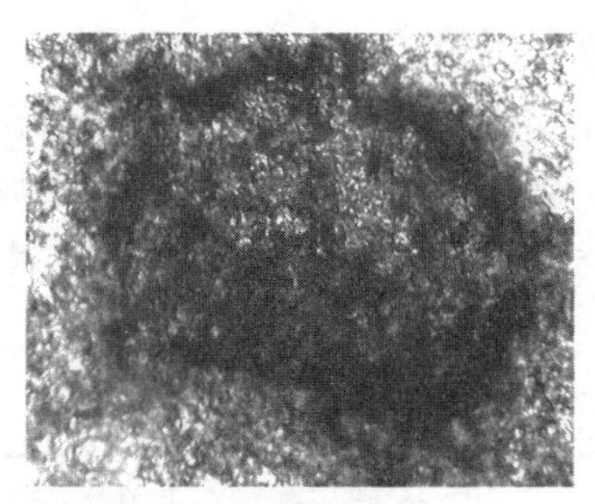

(c)丹霞

图 7-14　果皮果点光镜微观结构图（附彩图）

同一品种光学显微镜观察到的果点形状与扫描电镜下的果点显微结构形状相似，即新红星果点的形状比较圆滑可近视为圆形或椭圆形，而丹霞和红富士果点的形状呈多边形，且红富士果点形状不规则程度高于丹霞。

7.5　果皮微观组织结构指标的测定

果皮微观组织结构指标是利用 MatLAB 软件的图像处理功能来进行测定的。表 7-1 为 3 种苹果鲜果果皮各组织结构指标测量数据的均值，从表 7-1 中可知，角质层厚度、表皮细胞的大小、表皮细胞间距、果皮微裂纹宽度及果点的长宽比等因素随果实及品种的不同而存在差异，但其组织结构不变。测试数值表明，红富士果皮上的角质层最厚均值为 13.78 μm，其次为新红星果皮为 12.86 μm，最薄的为丹霞果皮 12.29 μm，但角质层的变化范围以丹霞果皮波动最大，从而表明丹霞果皮向阳面和向阴面果皮上覆盖的角质层差异较大，而新红星和红富士果皮上角质层的波动范围较小；3 种果皮表皮细胞的长宽比以红富士的最大，丹霞和新红星的比值差异不大，这与 3 种果皮横截面显微结构中观察到的表皮细胞形状相吻合，另外根据表皮细胞的长和宽的均值可获得新红星、红富士、丹霞表皮细胞面积的均值分别为 108.51 μm^2、180.88 μm^2、113.55 μm^2，从而可知红富士果皮上的表皮细胞比较大，可增加细胞与细胞相互搭接的面积；表皮细胞之间间距的均值以红富士果皮的最小，丹霞和新红星果皮相差不大，但从表皮细胞间距的波动范围看，以丹霞的最大，而红富士的最小，红富士表皮细胞排列整齐紧密，而丹霞表皮细胞排列松散；果皮微裂纹宽度的均值以丹霞果皮上的最大、新红星果皮上的最小，测量值的波动以新红星果皮上的最小，反映出红富士果皮较新红星果皮易形成碎裂；不同种或同一种果皮上果点的大小形状各不相同，从表 7-1 可知，丹霞和新红星果皮上的果点比较大，而且新红星果皮上果点大小的差异也比较大，但从果点的长宽比及获得的扫描图片可知，新红星果皮上果点的形状多数都可近视于椭圆形，而丹霞和新红星果皮上果点的形状多数都呈四边形；3 种果皮下皮层细胞层数差异不大。

表 7-1　果皮微观结构相关参数

参数	均值及范围		
	新红星	红富士	丹霞
角质层厚度（μm）	12.86 (10.37～18.52)	13.78 (10.49～17.36)	12.29 (8.18～34.33)
表皮细胞长（μm）	16.30 (12.53～24.00)	23.80 (13.56～52.11)	17.72 (11.21～27.61)
表皮细胞宽（μm）	8.48 (5.98～12.38)	7.60 (4.00～10.89)	8.41 (4.46～15.33)
表皮细胞的长宽比	1.93 (1.49～2.43)	3.32 (2.01～6.82)	2.11 (1.04～4.67)
表皮细胞面积（μm^2）	133.76 (59.09～233.26)	184.53 (62.94～397.84)	128.06 (58.41～323.38)
表皮细胞侧壁厚度（μm）	1.40 (1.11～1.89)	1.29 (1.05～1.67)	1.08 (0.83～1.34)
表皮细胞间距（μm）	7.42 (5.16～10.89)	6.18 (4.33～7.60)	7.70 (3.35～17.29)
果皮微裂纹宽（μm）	5.68 (2～11.02)	7.28 (2.88～17.02)	12.8 (6.32～16.71)
果点的长宽比	1.36 (1.01～1.72)	1.20 (1.01～1.65)	1.19 (1.01～1.41)
下皮层细胞层数	4～5	3～4	4～5

7.6　果皮细观力学机理分析

7.6.1　果皮拉伸细观力学机理分析

（1）鲜果果皮拉伸细观力学机理分析

由苹果果皮拉伸试验的研究可知，同种果皮向阳面和向阴面的拉伸力学性质参数存在差异，且在同一部位同一方向上新红星与红富士之间果皮的拉伸力学性质的差异显著，新红星果皮的拉伸力学性质优于红富士果皮。分析果皮的微观组织结构发现，新红星向阳面果皮上基本不存在微裂纹，而在其向阴面果皮上的微裂纹数量较多，红富士果皮上也存在相类似的现象；新红星果皮表面上微裂纹的均值为 5.68 μm，红富士为 7.28 μm；新红星果皮横截面微观结构的表皮细胞呈圆形或椭圆形，表皮细胞的长宽比为 1.93，表皮细胞的面积为 133.75 μm^2，而红富士果皮横截面微观结构的表皮细胞呈长条形、表皮细胞的长宽比为 3.32、表皮细胞面积的均值为 184.15 μm^2。以上的分析表明，微裂纹数量少及宽度小时果皮力学性质较优，表皮细胞呈圆形或椭圆形时，表皮细胞拉伸时应力集中没有长条形表皮细胞严重，变形程度应大于长条形表皮细胞，使得新红星果皮的拉伸性能更佳，即表皮细胞为圆形或椭圆形时果皮较耐拉，且表皮细胞长宽比对果皮力学性质有着负面的影响。但同时也发现，拉伸性质较好的新红星表皮细胞间距的均值为 7.42 μm，而拉伸性质较差的红富士表皮细胞间距的均值为 6.18 μm，表明表皮细胞间距较大时，果皮拉伸时细胞与细胞之间的相对滑动变大，单个细胞的变形也会相对变大从而增大了果皮的强度。丹霞的拉伸力学性质介于新红星和红富士果皮之间，但其表皮上的细胞间距却最大，达到 7.70 μm，这是由于丹霞果皮上覆盖在表皮细胞上的角质层有较深的凹陷，从而有较多的角质层楔入表皮细胞之间，增大了表皮细胞间的间距，但角质层的延展性相对低于表皮细胞之间所连接的物质，导致丹霞果皮的力学性质没有新红星果皮的好，表明表皮细胞间距较大时果皮的拉伸力学性质好。红富士果皮表面上的角质层分布均匀一致且厚度均值为 13.78 μm，高于新红星和丹霞果皮上的角质层厚度，说明角质层的厚薄对不同品种间果皮力学性质的差异影响不明显。

另外，果点由果实发育初期的气孔形成，果点内被厚厚的组织填充，虽然木栓细胞具有较强的抗氧化、耐酸碱能力，有利于贮藏期间果实的保水及抗微生物侵袭。但由于果点有厚壁细胞和木栓层的存在，使得果点也成为拉伸时应力较集中的点，其形状对果皮的力学性质也有影响。从图 7 - 9 和图 7 - 14 苹果果点的微观结构图可知，新红星果皮上的果点形状近似为椭圆形且过渡比较光滑，而红富士果皮上的果点近似为夹角比较尖锐的四边形，因而红富士果皮在拉伸时果点处应力集中的程度相对其他两种果皮而言比较严重。

同时为了分析比较果皮拉伸试样断裂处细观结构的变化，将部分拉断后的试样立即进行了扫描电子显微镜观察，如图 7 - 15 所示。

从图 7 - 15 可以看出，3 种果皮试样在拉伸过程中果皮厚度均变薄，断裂

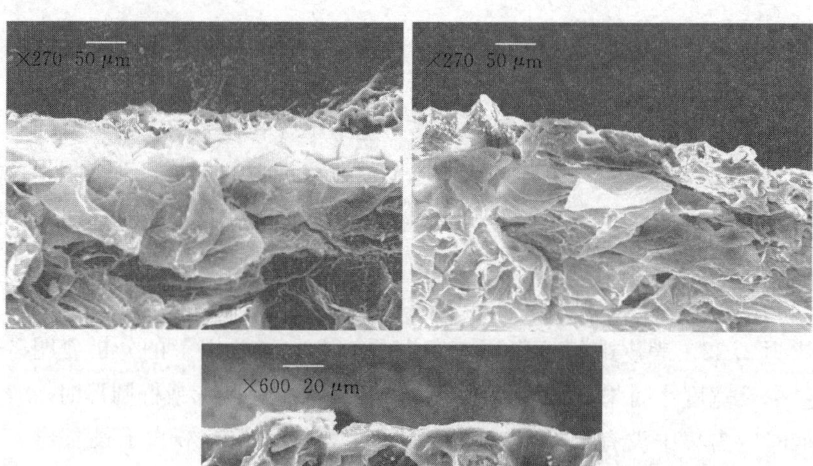

图 7-15 果皮拉伸断裂形态扫描显微结构图

面相对不整齐，而且在放大 600 倍时可以看到断裂面形成较宽波浪线状，呈现不完全脆性断裂，具有抗撕裂的黏弹性特征，这与图 2-4 中拉伸应力-应变曲线在达到最大拉伸强度开始断裂时并没有迅速变为 0 而是有较小延伸的现象相一致，同时从果皮拉伸试验获得的抗拉强度可知，果皮的抗拉强度远大于果肉的抗拉强度，从而可以推想果皮的断裂过程是以细胞断裂的方式为主。从图 7-15 中还可以看出，由于在制取样品时为了保证试样没有刮痕，制成后能够保持其原有的自然状态，所制取的果皮试样较厚，同时看到果皮试样上留有许多被刮得杂乱无章的果肉细胞。

有研究表明，红富士苹果果面碎裂不但影响了果实外观品质，而且给苹果生产及销售造成了严重损失。为了生产优质果，提高红富士苹果外观品质，研究者采取果实发育期搭遮阳网遮阳、高温时间喷水降温等物理方式，然而通过果皮拉伸试验表明，红富士果皮的抗拉强度、弹性模量低于不易果面碎裂的新红星果皮，从而也表明，果皮的碎裂与其果皮的弹性密切相关，可以通过果皮品种的优育来解决果皮碎面的问题。

(2) 贮藏期果皮拉伸细观力学机理分析

不同品种及同一品种果皮随贮藏时间的不同，果皮的力学性质及其微观结构都发生了变化。由 3 种苹果果皮在贮藏期间的拉伸试验结果表明，果皮的最大拉伸载荷、抗拉强度、断裂应变均呈减小的趋势，而唯有果皮的弹性模量值呈增大的趋势；在同一贮藏期测得果皮向阳面的力学性质强于向阴面的力学性质，果皮的最大拉伸载荷、抗拉强度、弹性模量均以新红星果皮的最大。从果皮的微观结构分析可知，果皮贮藏 14 d 时，丹霞、新红星向阳面果皮上也出现了微裂纹，而红富士向阳面果皮上微裂纹不仅增多且微裂纹的宽度由原来的 6.18 μm 变为 7.16 μm，但 3 种果皮向阳面上的微裂纹数量及宽度仍然小于其向阴面的；3 种果皮向阴面上微裂纹的宽度与贮藏 0 d 时相比也加深变宽，表明贮藏 14 d 时向阳面和向阴面果皮由于微裂纹的出现或增多加宽使得其最大拉伸载荷、抗拉强度、断裂应变降低。总之，果皮向阳面上的微裂纹数量及宽度小于其向阴面，使得果皮向阳面的力学性质优于其向阴面的力学性质；果皮在贮藏 28 d 时新红星向阳面和向阴面果皮上的角质层破碎程度严重，使得果皮上微裂纹的边界难以辨别，红富士向阳面和向阴面果皮上的微裂纹虽然清晰可辨，但也可以看到果皮上的角质层有破碎脱落的迹象，丹霞向阳面和向阴面果皮上的微裂纹数量没有明显增多，而微裂纹被脱落下来的角质层碎块填充，变得更加不整齐。从上面的现象可以反映出不同果皮在贮藏 28 d 时由于果皮上角质层的脱落使得果皮上的微裂纹更加严重，从而会导致果皮的最大拉伸载荷、抗拉强度断裂应变持续下降。但在贮藏期间由于果皮上角质层的脱落破碎，使得角质层与表皮细胞的结合处松散，致使果皮拉伸时角质层对表皮细胞组织的锁定力大大减小，表皮细胞本身伸长量及表皮细胞与外面组织之间的滑移量均增大，因而果皮在弹性范围内获得的弹性模量就会变大，而由于果皮在贮藏期间组织结构的失水及其营养成分的流失变化，导致果皮整体抗张力的下降，使得其他拉伸力学参数均呈现下降趋势。

7.6.2 果皮撕裂细观力学机理分析

果皮撕裂试验采用裤型撕裂即单轴中缝撕裂，撕裂结束后的裂缝平行于拉伸方向，这种方法不仅可以保证 3 种果皮撕裂裂缝的长度均相同，还可以保证不同品种间或同一品种内不同果皮试样获得的撕裂平均作用力具有较高的可比性，不同品种果皮撕裂性能对比分析时的可比性较高。

从果皮撕裂试验结果可知，丹霞果皮试样的撕裂平均作用力、撕裂强度均最大，新红星果皮的撕裂作用力、撕裂强度略大于红富士果皮，分析果皮微观组织结构可知，红富士果皮表面上的角质层较厚且均匀致密，从而增强了表皮细胞之间的固接点，使细胞间相对滑移变小，果皮被撕裂时撕裂处同时受力的细胞较少，结果导致其果皮的撕裂作用平均力较其他果皮的小。

图 7-16 为 3 种果皮撕裂裂缝形态扫描微观结构图。从图 7-16 中可知，在撕裂的裂缝两端处可以明显看到有部分角质层被抽出剥离的迹象，即果皮撕裂时主要发生因切口处裂缝延展的细胞与细胞之间剥离的破坏模式。

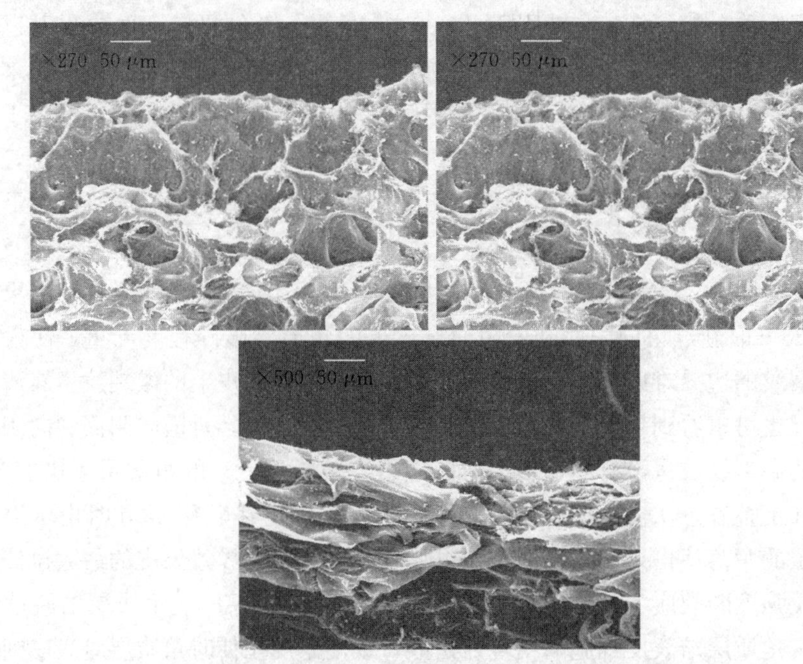

图 7-16　苹果果皮撕裂裂缝形态扫描显微结构图

通过试验发现，同种果皮的拉伸最大载荷均值与果皮撕裂平均作用力的比值最高可达到 109.96 倍，最低也为 69.77 倍（表 7-2），表明果皮拉伸断裂模式以果皮细胞同时受力断裂模式为主，而撕裂是以裂缝延展而形成细胞与细胞剥离的破坏模式为主。

表 7-2　苹果果皮拉伸最大载荷与撕裂作用力的比值

部位	拉伸最大载荷均值与撕裂平均作用力的比值		
	丹霞	红富士	新红星
向阳面纵向	83.74	89.27	109.96
向阴面纵向	75.22	84.52	103.33
向阳面横向	84.50	76.10	91.88
向阴面横向	69.77	71.32	90.78

果皮撕裂时特殊的破坏模式使得果皮撕裂获得的力-位移曲线呈现多峰曲线，即果皮在裤型撕裂时，试样的两个裤脚上下分开时，切口处的裂缝作为应

力集中的地方首先被撕开，尽管细胞与细胞之间有介质相连，可以实现相对滑动，但在果皮表面上覆盖有不可流动的角质层，使得表皮细胞被角质层锁定，细胞之间的相对滑动变小，因此在果皮撕裂的过程中，当受力的细胞之间被相互剥离时，就会获得撕裂曲线中的某一最高峰，随着后面相连接的细胞陆续也被剥离，从而形成曲线中的其他峰值，曲线中的峰谷代表果皮在撕裂时未被剥离的细胞之间因变形而承受的负荷。

从上面的分析可知，红富士苹果果面易于碎裂与果皮上角质层的结构及其延展性也是密切相关的。

7.6.3 果皮剪切和穿刺细观力学机理分析

（1）果皮剪切细观力学机理分析

果皮的剪切强度、剪切弹性模量等力学性质指标可反映出果皮自身的抗剪切能力，即可反映出果皮在自然生长过程中在内外载荷作用下抵抗错动变形能力的大小。由果皮的剪切试验分析结果可知，新红星向阳面和向阴面果皮的剪切强度最大，而丹霞果皮的剪切强度最小；而且3种果皮向阳面的剪切强度均大于其向阴面。从果皮的微观结构分析可知，同一品种因果皮向阴面微裂纹的存在使得向阴面果皮剪切时抵抗错动的能力降低；同时微裂纹的宽度会影响果皮的抗剪能力，如3种果皮中丹霞向阴面果皮上的裂纹最大达到12.80 μm，且3种果皮向阴面剪切强度最小的也为丹霞果皮。在不同品种间果皮表皮细胞为圆形或椭圆形时，果皮在剪切试验时抵抗错动的能力较强，但果皮属于黏弹性材料，由于品种的不同，果皮含水率也不尽相同，导致果皮的柔韧性存在差异，虽然丹霞果皮上表皮细胞为圆形或椭圆形，但丹霞果皮的含水率是3种果皮中最低，为33.1%，从而导致果皮的柔韧性降低，使得丹霞向阳面和向阴面果皮的剪切强度最低。

（2）果皮穿刺细观力学机理分析

果蔬的穿刺试验可检查其果实的坚实度，从微观结构方面反映出细胞间结合力的差异程度，表征出果蔬产品组织质地的坚实和致密程度。由果皮穿刺试验结果可知，在1 mm/min加载速度下，采用2 mm压头对果皮进行穿刺时获得新红星向阳面和向阴面果皮的穿刺强度均最大；3种果皮向阳面的穿刺强度均大于其向阴面的。这是由于果皮向阴面微裂纹的存在使得果皮组织结构的紧密程度降低，因此穿刺压头与试样接触后，接触点沿着果皮厚度方向压缩力的传播也较快，开始形成一个局部的圆盘形凹陷后，随着继续压缩表皮细胞就会被压头压裂或分开，直至最后果皮被刺穿。从果皮表皮细胞的形状可知，新红星果皮细胞呈圆形或椭圆形，在果皮穿刺时其变形相对较大，再加上新红星表皮细胞的面积 133.75 μm^2 远小于红富士表皮细胞的面积 184.13 μm^2，从而导致新红星果皮的穿刺强度高于红富士果皮。事实上，从果皮的拉伸试验参数也可反映出新红星表皮细胞之间的结合力高于其他两种果皮，因此果皮在穿刺试验时新红星果皮穿刺强度在 3 种果皮中最大。

7.6.4 果皮流变细观力学机理分析

果皮作为一种黏弹性材料，其宏观力学性质与其组织结构细胞的微观力学性质密切相关，同时黏弹性材料的应力、应变及其力学参数指标与时间的关系更是密不可分。

（1）果皮松弛细观力学机理分析

材料的弹性、黏性、强度和刚度等可以通过应力松弛的程度、松弛的速率表现出来，而且与微观组织细胞的结构直接相关，如细胞在给定外力作用下，被细胞壁以及被细胞壁包着的细胞液和细胞外部流体随着时间的延长均会发生应力松弛，而且随着时间的延长，细胞内应力将会稳定在无外力的状态。因此，细胞的几何形状、细胞构成组织的方式及细胞壁的张力等与材料的流变性质密切相关。

从本质上讲，应力松弛过程实际上是试验材料在应力作用下弹性变形不断转化为塑性变形的过程。果皮作为一种黏弹性物料，既有弹性，又有黏性，其应力松弛特性比较复杂，其表征应力松弛阶段的曲线可划分为快速松弛阶段（AB 段）和缓慢松弛阶段（BC 段）。

如图 7－17 所示，快速松弛阶段在 5 s 内完成，试样的应力迅速降低。快速松弛阶段可以认为是果皮组织中受力细胞发生弹性变形后的迅速恢复，也可以说是组成细胞的细胞壁、细胞膜等在常应变下弹性变形后的迅速恢复。从图 7－17 中也可以看出，此阶段果皮的应力迅速降低；缓慢松弛阶段试样应力变化比较平缓且趋于稳定，分析其原因是随着试验时间的延长，试样的内应力逐渐减小，果皮细胞及细胞外部流体在常应变下发生缓慢弹性恢复并伴随有缓慢的黏性滑移所致。有研究表明，在松弛过程中，所需松弛时间短的组织将最先松弛，而所需松弛时间最长的组织将最后松弛，即不同的单元组织形成了一个相继松弛的过程，当最后一个单元松弛完成后，材料就会达到平衡状态，此时材料的弹性可用平衡弹性常数 E_0 表示，E_0 可以预测细胞壁弹性的强弱，即平衡弹性常数 E_e 越大，细胞壁弹性越强。

由果皮的应力松弛试验结果表明，3 种果皮中新红星果皮的初始应力最

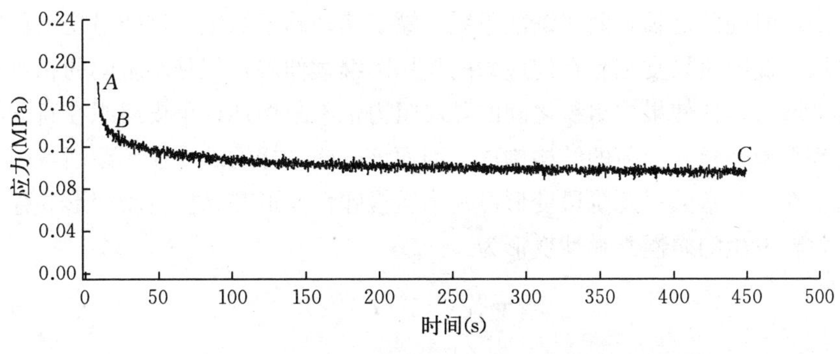

图 7-17　果皮应力松弛示意图

大，红富士最小，采用五元件 Maxwell 模型拟合获得弹性参数 E_0 以新红星果皮的最大、红富士的最小，表明新红星果皮的细胞壁弹性较强；从果皮微观结构的观测（表 7-1）也可知，新红星果皮表皮细胞的侧壁最厚为 1.40 μm，且形状为圆形或椭圆形，因而果皮在拉伸时细胞能承受的张力也越大，导致了新红星果皮的 E_0 较大。Costell 研究表明，第一阶 Maxwell 单元参数 E_1、T_{M1} 可表征材料组织中最基本的细胞结构在应力松弛试验中响应；第二阶 Maxwell 单元 E_2、T_{M2} 可表征材料组织中其他结构在应力松弛试验中的响应。同时试验结果表明，表征弹性的参数 E_1 值以新红星果皮的最大、红富士的最小，表征果皮黏性的参数 T_{M1} 则以新红星果皮的最小，红富士果的最大；参数 E_2、T_{M2} 值均以新红星果皮的最小，从而也可以表明，新红星表皮细胞的弹性较强而其黏性较弱，且新红星表皮细胞之外流体、空气间隙中的自由水等相互之间的弹性与黏性都比较弱，从而易于移动。

（2）果皮蠕变细观力学机理分析

从本质上讲，果皮蠕变是由于果皮组织结构之间黏滞阻力的存在使其形变与应力不能即刻达到平衡的结果，即由于果皮细胞各层组织结构松弛时间的长短不同，使得各层组织对外力的响应呈现出一个陆续响应的过程。从图 6-8 可知，在曲线的初始阶段，蠕变速率较大试样发生快速弹性变形，该阶段试样的应力与时间呈现出良好的线性相关性。分析其原因为在蠕变的初始阶段，蠕变变形主要是由微屈曲状态的细胞不断伸直引起的，而果皮细胞间的相对滑移量很小，使得果皮组织之间的黏滞阻力相对较小，因而在此阶段蠕变的时间很短，且试样蠕变速率较大，蠕变变形主要表现为细胞的弹性变形；此阶段属于瞬时弹性变形，在短时间内完成，材料发生的瞬时弹性变形为：

$$\varepsilon_1=\frac{\sigma_0}{E_1},\qquad(7-1)$$

随着时间的延长，曲线渐变平缓，蠕变速率趋于稳定，试样呈现出稳定蠕变阶段。此阶段果皮细胞在内应力的作用下继续伸展，但是细胞间的相对滑移量逐渐增大，致使果皮组织之间的黏滞阻力也不断增加，果皮组织在新的状态下达到平衡并建立起新的结构构成，因而该阶段试样的蠕变速率逐渐减缓，最后稳定在一个常数；此阶段变形可视为缓慢弹性变形和黏性流动变形共存。

材料发生的缓慢黏弹性变形为：

$$\varepsilon_2=\frac{\sigma_0}{E_2'}\left(1-e^{-t/T_r}\right) \tag{7-2}$$

式中：$T_r=\eta_2'/E_2'$。

材料发生的黏性流动变形为：

$$\varepsilon_3=\frac{\sigma_0 t}{\eta_1'} \tag{7-3}$$

因而可以证明采用伯格斯模型进行描述果皮的蠕变过程，能够完美地表现出果皮蠕变试验时的变形特征，且果皮蠕变时任一时刻的变形量是上述三种变形量的叠加。

由果皮的蠕变特性试验结果表明，在相同载荷水平下，红富士果皮表现出较大的蠕变量，而新红星的蠕变量较小，丹霞果皮的蠕变量介于红富士和新红星果皮之间，即新红星果皮的抗蠕变性能优于丹霞，而丹霞果皮优于红富士。果皮蠕变特性通过伯格斯模型拟合获得瞬时弹性系数 E_1' 以新红星果皮的最大，表明在弹性范围内新红星果皮表皮细胞的抗变形的能力强，卸载后恢复程度好，这与微观结构观测到表皮细胞形状为圆形和椭圆形及其细胞侧壁厚度较厚相符合；同时模型拟合的表征黏弹性的参数 E_2'、T_r、η_1' 值均以红富士果皮的最大，E_2' 决定了红富士表皮细胞间的组织结构弹性强于其他果皮；T_r 决定果皮的蠕变速度，T_r 的值越大，表明蠕变缓慢，蠕变变形越不易控制；黏滞系数 η_1' 反映了果皮各组织结构在蠕变中的黏性变形，即在相同应力及相同环境条件下红富士果皮相对其他两种果皮恢复原有尺寸的能力相对较低。

以上的分析说明，在果皮拉伸蠕变时主要受力的是果皮的表皮细胞，而表皮细胞外的组织结构只是起到了传递和分散应力的作用。同时测试时的蠕变时间不能够充分反映出 3 种果皮材料的蠕变性能，如在蠕变速率上区分不明显，今后还需进一步对果皮材料的长期蠕变性能进行研究。

7.7 果皮微观损伤机理分析

苹果果实的最外层被果皮所覆盖，而果皮的构成包括角质层、表皮和数目不等的皮下细胞层，果皮最重要的功能是保护果实免受环境的胁迫以及具有调节自身呼吸和蒸散的生理作用，通过对其果皮的宏观力学特性的研究，发现果皮品种不同其力学特性存在差异，为了探究这些差异存在的机理，需要研究苹果果皮材料的微观组织结构与果皮宏观力学特性的关系，建立果皮宏观力学特性与细观组织结构的联系，为改善苹果的贮运损伤品质提供深入的理论支持和科学的调控方法。

（1）果皮微裂纹

由苹果果皮表面扫描显微结构发现，苹果在自然生长状态下，因外界环境的影响，即使是刚采摘下的果实其果皮上均存在微裂纹；不同品种及同一品种不同部位的微裂纹的数量、尺寸、分布状态各不相同，这些微裂纹使得苹果果皮在拉伸、压缩、挤压等载荷的作用下引发损伤；随着载荷作用时间的延长或载荷的增大，导致微裂纹扩展、串联、汇合，致使果皮刚度的严重衰减，从而引发更严重的损伤形式。

（2）果皮果点

由苹果果皮果点扫描显微结构、苹果果皮果点光镜微观结构图和图7-18可知，苹果果皮上存在果点，研究表明，果点是由幼果表皮的气孔转化而成，在果实发育后期果点内填充木栓化组织，属于局部非弹性高应变和高应力比较集中的地方。在贮运过程中，苹果果皮上果点在外载荷、温度、湿度等作用下发生非弹性变形，这些变形可能造成果点的破裂、剪切屈服，同时随着果点的扩展和聚集形成果皮延性破裂及撕裂形成损伤，这些损伤可能对苹果的变形响应及病原菌的入侵有很大的影响；另外，在苹果自然生长过程中因果点扩展和聚集也会造成果面的碎裂损伤。因此，苹果果皮上果点会在很大程度上降低果皮材料性能。

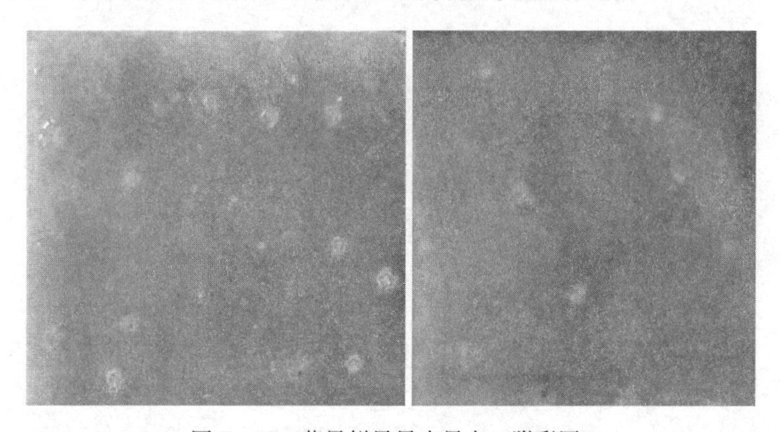

图7-18　苹果鲜果果皮果点（附彩图）

（3）界面滑移

苹果果皮由角质层、表皮和数目不等的皮下细胞层构成，是一种复合材料结构。苹果果皮上角质层和表皮的重要功能就是保护果实免遭环境胁迫，阻止果实内部水分散失、维持水分平衡及果实表面清洁、抵抗细菌和真菌病原体的侵害、减少营养物质浸出和降低新陈代谢等。在贮运过程中因外界环境作用会引起果皮材料中组分之间的界面滑移，但因角质层的延展性低于表皮细胞及其之间所连接的物质，导致不同组分的滑移位移存在差异，从而引起角质层开裂，致使细菌和真菌病原体等的侵入果实，造成损伤。

第 8 章　果蔬果皮微观组织结构变位仿真分析

8.1　概述

随着计算机图形学的发展与不断完善，微观组织结构的计算机仿真分析已成为研究材料科学的重要手段。人们利用计算机几何算法及结合计算机图形学实现了物质结构形态的可视化表征，将真实材料微观结构的几何形貌更加直观、逼真地呈现出来。植物形态结构可视化仿真的研究起源 20 世纪 60 年代对植物分枝模型的研究，植物模型 L-系统的提出，可相似性地表现出植物的形态结构及植物生长的拓扑结构；随着植物形态结构的仿真与可视化研究的飞速发展，许多学者建立了植物各个部位结构的仿真模型，如热带树分枝几何模型、根系二维及三维模型、植物器官生长模型等。本章结合具体的试验，通过二维 Voronoi 模型仿真获得的苹果果皮微观结构图，为直观地反映不同品种苹果果皮微观组织结构的差异提供虚拟几何模型参考。

8.2　试样制备与方法

通过苹果果皮宏观力学性能的细观机理分析可知，果皮的表皮层对果皮的力学性能贡献较大，同时考虑到果皮角质层的组成及其结构比较复杂，因此，对果皮进行微观组织结构的计算机仿真分析时只针对果皮的表皮层。表皮层是由随机分布的表皮细胞和一些孔隙组成，而在本章中表皮上的孔隙可视为表皮细胞。为了理想化果皮的微观组织结构，仿真分析时假设果皮细观结构具有连续性及无细观缺陷，即表皮细胞组织层可视作均匀的连续体；假设把每个表皮细胞看作二维多边形，每个细胞的面积视为常量。

试验材料为土窖贮藏 4 个多月的丹霞、红富士、新红星苹果，贮藏温度为 3～5 ℃。为了保持苹果果皮结构组织层活体的状态，及时观察到其组织结构的特征，获得更精确的细胞及孔隙的几何特征，试验采用徒手切片法获得试样并在光学显微镜下进行观测；同时果皮表皮细胞几何量值利用 MatlAB 软件的图像处理程序来进行近似的测定，使得表皮细胞的面积及纵横比、细胞的定位方向等均数字化。

8.3 果皮微观组织结构仿真

8.3.1 Voronoi图的定义及算法

Voronoi图是一种基本的几何结构图，与一些自然结构十分相像，又称泰生多边形或Dirichlet图。Voronoi图的起源最早可以追溯到17世纪，为表达太阳系及其环境中的物质分布，1644年Descareds就采用了类似Voronoi图的结构对其进行研究；1850年数学家Dirichlet在他的论文中讨论了Voronoi图的概念；数学家Voronoi于1908年又将Voronoi图的概念扩展至高维空间；为改进大范围平均降水量的计算方法，1911年荷兰气象学家Thiessen采用了Voronoi图划分每一气象观测站的最近区域。20世纪80年代后期，有关Voronoi图的理论方法和应用得到了快速的发展。

Voronoi图的定义如下：

对于二维欧几里德平面上任意 n 个位置互异的离散生长点的集合 P，$P=\{p_1, p_2, \cdots, p_i, p_j, \cdots, p_n\}$（$3\leqslant n<\infty$），$p_i$ 的平面坐标（x_i，y_i）的向量可表示为 $\vec{x}_i$。因这些离散点位置互异，所以有 $\vec{x}_i\neq\vec{x}_j$，$i\neq j$，$i, j\in I_n=\{1, 2, 3, \cdots, n\}$。对于欧几里德平面上的任意一点 q（x_q，y_q）而言，该点与生长点 p（x_i，y_i）的欧几里德距离为

$$d(p, p_i)=\|\vec{x}_q-\vec{x}_i\|=\sqrt{(x_q-x_i)^2+(y_q-y_i)^2} \quad (8-1)$$

如果 q 是距生长点 p_i 最近的点，则有

$$\|\vec{x}_q-\vec{x}_i\|\leqslant\|\vec{x}_q-\vec{x}_j\|, \ i\neq j, \ j\in I_n \quad (8-2)$$

据此可以推出平面Voronoi图的定义：对平面上离散生长点的集合 $P=\{p_1, p_2, \cdots, p_i, p_j, \cdots, p_n\}$（$3\leqslant n<\infty$，$\vec{x}_i\neq\vec{x}_j$，$i\neq j$，$i, j\in I_n$），若

$$VR(p_i)=\{q \mid d(q, p_i)\leqslant d(q, p_j), \ \forall j\neq i, \ i, j\in I_n\} \quad (8-3)$$

则称 $VR(p_i)$ 为生长点 p_i 的Voronoi多边形，而生长点 p_1，p_2，…，p_n 的Voronoi多边形的集合

$$VR=\{VR(p_1), VR(p_2), \cdots, VR(p_n)\} \quad (8-4)$$

构成了 P 的Voronoi图。

图8-1为平面的Voronoi图，该图可以看作是这些离散的生长点以相同

速度向四周发射电波，电波相遇的地方即 Voronoi 图的边，Voronoi 图的边与边相交的点称之为 Voronoi 图的顶点，每个 Voronoi 图的顶点与至少 3 个生长点等距离，说明该顶点也是一个同心圆的圆心；同时从图 8－1 中也可以看出，相邻的两个生长点具有公共的 Voronoi 边（如图 p_1 和 p_2，p_1 和 p_3）。

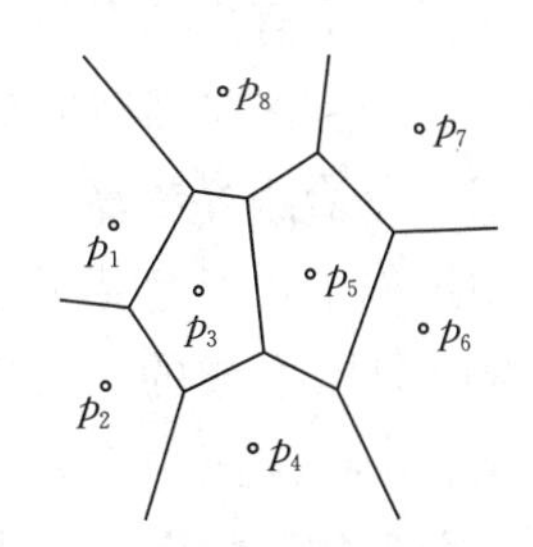

图 8－1　离散生长点集构造的 Voronoi 图

如果一个 Voronoi 图的 n 个离散的生长点满足非共线条件，将其中具有公共 Voronoi 边的两个生长点连接在一起，则可得到 P 的 Voronoi 图的对偶图，如图 8－2 虚线所示。

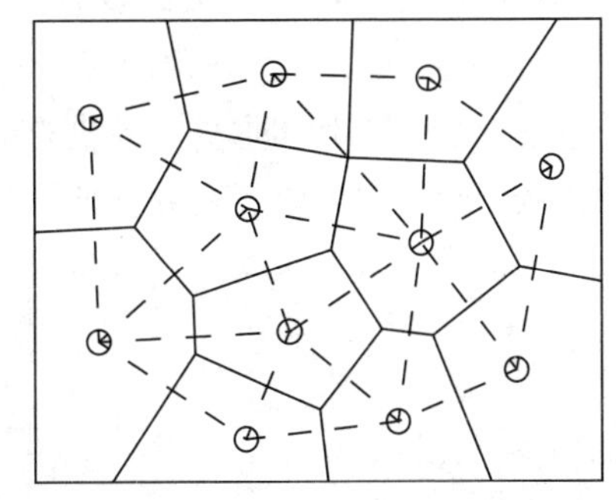

图 8－2　平面 Voronoi 图（实线）及其对偶的 Delaunay 三角网（虚线）

如果图 8－2 中虚线组成的图像全是三角形，则 Voronoi 图的对偶图也可称之为 Delaunay 三角网。三角网中的每个三角形称之为 Delaunay 三角形，三角形中的每条边称之为 Delaunay 边，每个顶点是其相对边的 Delaunay 顶点。不难看出，平面离散生长点集的 Voronoi 图与其 Delaunay 三角网存在如下关系：Delaunay 三角网中的一个顶点（生长点）对应一个 Voronoi 区域；每个 Delaunay 三角形一一对应一个 Voronoi 顶点，其外接圆的圆心就是一个 Voronoi 顶点；每条 Delaunay 边对应一条 Voronoi 边；三角网的外边界构成了点集 P 凸多边形的“外壳”。如果两个 Delaunay 三角形有公共边，连接他们外接圆的圆心可得到一条 Voronoi 边；如果一个 Delaunay 三角形的一条边没有相邻的三角形，由其外接圆的圆心开始做一射线，方向与三角形的这条边垂直，可得到一半开放的 Voronoi 边。

如上所述，当给定一个有限区域 Ω 和一组生长点 $P=(p_i)$，把每个生长点 x_i 对应的 Voronoi 区域与 Ω 的交定义为 p_i 的单元，记为 VR_i；如果每个生长点 p_i 和它单元 VR_i 的重心重合，则称 P 的 Voronoi 图为重心 Voronoi 图 (Centroidal Voronoi Tessellation)。重心 Voronoi 图算法简单，因而本章对果皮微观组织结构的仿真分析时采用了重心 Voronoi 图。

Voronoi 图为研究解决数学、计算机科学、机械工程、图像处理等领域中的一些问题提供了有力的工具。最典型的 Voronoi 图构造算法有增量法、分治法和间接法。增量法虽然时间效率较差，但其构造简单，易于实现动态化，仍被广泛使用。分治法算法复杂，由于隐含了要对整个数据集进行一次性构造，难以在应用过程中进行动态更新；间接法是依据 Voronoi 图的对偶图 Delaunay 三角网而间接生成的，其效率取决于所采用的 Delaunay 三角网的算法。本章对平面 Voronoi 图的构造就采用间接法，但在构造过程中要求遵循最大空圆（每个三角形的外接圆不包含其他三角形顶点）、三角形的最小角最大化及总边长最小化准则。

Voronoi 图的间接算法：该方法首先生成离散生长点集的 Delaunay 三角网，然后根据 Delaunay 三角网与 Voronoi 图的直线对偶性质，作每一条三角边的垂直平分线。所有的垂直平分线的交就构成了该点集的 Voronoi 图，如图 8-3 所示，从而间接地生成了离散点集的 Voronoi 图。

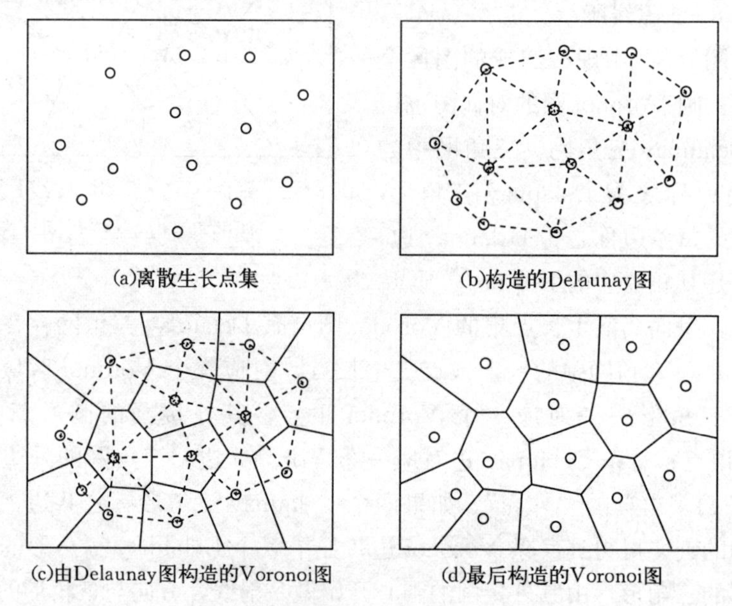

图 8-3　间接法构造的 Voronoi 图

8.3.2　果皮表皮细胞几何特征的提取

图 8-4 为 3 种苹果果皮微观结构的光学显微镜图。为了获得表皮细胞的几何特征，采用多边形近似来提取表皮细胞形状的特征点，从而估算表皮细胞的几何特征，如细胞的重心、面积、周长、纵横比及定位方向等。多边形近似是一种基于轮廓线描述物体形状的方法，其基本思想是将边界轮廓线看成一个

闭合的平面数字曲线，将它拆分成若干个弧段，每一个弧段用连接它的2个端点的直线段来近似，因而整个曲线由将这些线段首尾连接而成的多边形来近似。多边形近似具有描述简单、结构紧致且保留了曲线的主要信息等特点，因而它在目标识别、图像检索、图像压缩、CAD及GIS等领域有着广泛的应用。

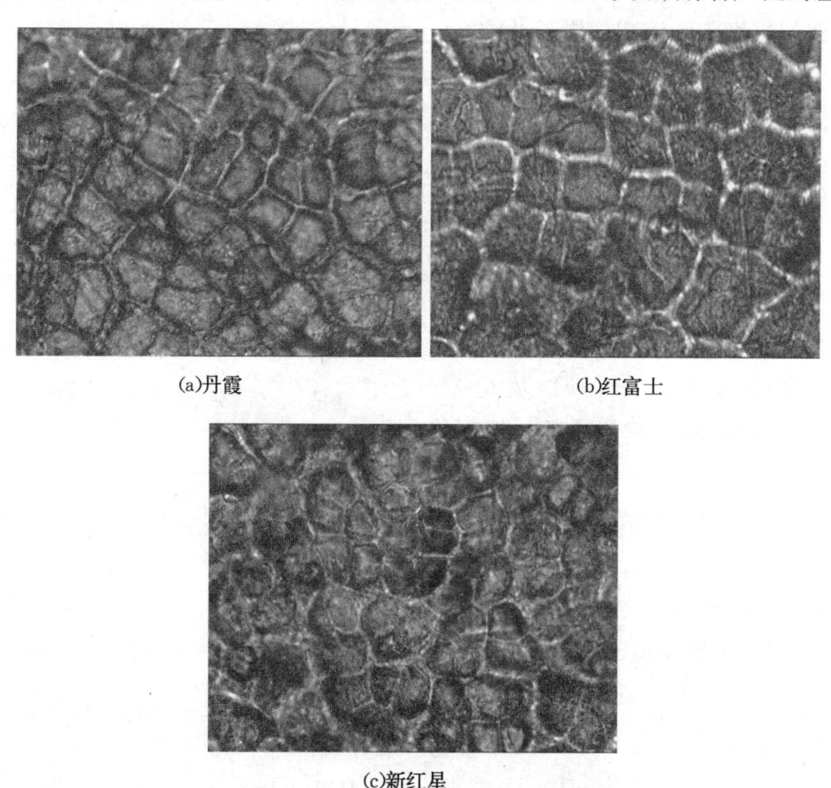

(a)丹霞　(b)红富士　(c)新红星

图8-4　200倍的果皮表面光学显微镜图

表皮细胞平面域的面积、重心、周长的计算可以通过格林公式获得，即通过格林公式将近似多边形域的曲面积分转化为线积分后，利用多边形近似方法在细胞自然边界上所提取的特征点集来求取；而细胞的纵横比和定位方向可以通过惯性矩和最小二乘椭圆拟合来获得。事实上，采用细胞自然边界上的点来计算细胞的几何特征不仅使得估算结果更加精准，而且可以提高整个计算设计程序的计算效率。所有的计算设计程序均使用MatlAB软件来执行完成。

8.3.3　果皮表皮细胞几何特征参数的计算

（1）格林公式

格林公式可以将平面闭区域 D 上的二重积分通过沿闭区域边界曲线 L 上

的曲线积分来表达。为了得到表皮细胞组织层的仿真模型，假设了表皮上的每一细胞均视为均匀的连续体且不存在任何点“洞”，同时每一细胞形状可近似为凸多边形，即每一细胞平面区域内任一闭曲线所围的部分都在细胞平面区域内，因此每一细胞平面区域均可看作平面单连通区域，可以运用格林公式求取表皮组织层细胞的面积、周长及重心。

图 8-5 中每一细胞的平面区域记为 R，该细胞平面区域 R 的边界曲线记为 L，则 L 的正向可规定为逆时针方向。从图 8-5 中可知，穿过细胞平面区域内部且平行坐标轴的直线与细胞平面区域 R 的边界曲线 L 只能交于两点，即细胞平面区域 R 既是 X 型又是 Y 型。

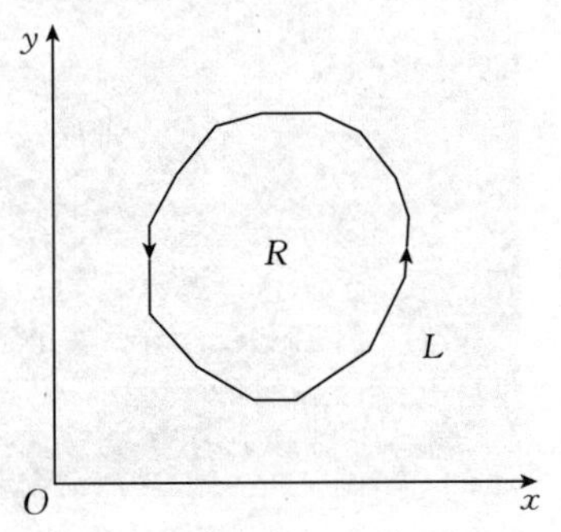

图 8-5　细胞的平面区域及边界

如果设函数 $P(x, y)$ 及 $Q(x, y)$ 在 R 上具有一阶连续偏导数，根据格林公式则有

$$\iint\limits_{R}\left(\frac{\partial Q}{\partial x}-\frac{\partial p}{\partial y}\right)\mathrm{d}x\mathrm{d}y=\oint_{L}P\,\mathrm{d}x+Q\,\mathrm{d}y \tag{8-5}$$

（2）果皮表皮细胞面积与重心的计算

① 表皮细胞面积。在格林公式（8-5）中，取 $P=-y$，$Q=x$，可得

$$\iint\limits_{R}\left(\frac{\partial Q}{\partial x}-\frac{\partial p}{\partial y}\right)\mathrm{d}x\mathrm{d}y=\iint\limits_{R}\left(\frac{\partial x}{\partial x}-\frac{\partial y}{\partial y}\right)\mathrm{d}x\mathrm{d}y=2\iint\limits_{R}\mathrm{d}x\mathrm{d}y$$

又

$$\oint_{L}P\,\mathrm{d}x+Q\,\mathrm{d}y=\oint_{L}x\,\mathrm{d}x-y\mathrm{d}y$$

故

$$\iint\limits_{R}\mathrm{d}x\mathrm{d}y=\frac{1}{2}\oint_{L}x\,\mathrm{d}y-y\mathrm{d}x \tag{8-6}$$

在公式（8-6）中左端即是细胞平面闭区域 R 的面积，因此可记为

$$A=\iint\limits_{R}\mathrm{d}x\mathrm{d}y=\frac{1}{2}\oint_{L}x\,\mathrm{d}y-y\mathrm{d}x \tag{8-7}$$

由公式（8-7）可知，细胞的面积可以通过细胞平面区域的边界曲线 L 积分获得。且由积分的性质可知

$$A=\frac{1}{2}\left(\oint_{L}x\,\mathrm{d}y+\oint_{L}(-y)\,\mathrm{d}x\right)$$

设细胞平面区域的边界曲线 L 由 S_1，S_3，…，S_n 各点组成，点 S_i 的坐标为 (x_i, y_i)，其中 $i=1, 2, 3, \cdots, n$，则

$$\oint_L x\mathrm{d}y = \int_{\overline{S_1S_2}} x\mathrm{d}y + \int_{\overline{S_2S_3}} x\mathrm{d}y + \cdots + \int_{\overline{S_{i-1}S_i}} x\mathrm{d}y \tag{8-8}$$

又因直线 S_iS_{i+1} 的方程为 $y-y_i=\dfrac{y_{i+1}-y_i}{x_{i+1}-x_i}(x-x_i)$，可得 $\mathrm{d}y=\dfrac{y_{i+1}-y_i}{x_{i+1}-x_i}\mathrm{d}x$

公式（8-8）可转化为

$$\begin{aligned}\oint_L x\mathrm{d}y &= \int_{x_1}^{x_2} x\frac{y_2-y_1}{x_2-x_1}\mathrm{d}x + \int_{x_2}^{x_3} x\frac{y_3-y_2}{x_3-x_2}\mathrm{d}x + \cdots + \int_{x_i}^{x_{i+1}} x\frac{y_{i+1}-y_i}{x_{i+1}-x_i}\mathrm{d}x \\ &= \int_{x_1}^{x_2} \frac{y_2-y_1}{x_2-x_1}\mathrm{d}\frac{x^2}{2} + \int_{x_2}^{x_3} \frac{y_3-y_2}{x_3-x_2}\mathrm{d}\frac{x^2}{2} + \cdots + \int_{x_i}^{x_{i+1}} \frac{y_{i+1}-y_i}{x_{i+1}-x_i}\mathrm{d}\frac{x^2}{2} \\ &= \frac{1}{2}\frac{y_2-y_1}{x_2-x_1}(x_2^2-x_1^2) + \frac{1}{2}\frac{y_3-y_2}{x_3-x_2}(x_3^2-x_2^2) + \cdots + \frac{1}{2}\frac{y_{i+1}-y_i}{x_{i+1}-x_i}(x_{i+1}^2-x_i^2) \\ &= \frac{1}{2}\sum_{i=1}^{n}(x_{i+1}+x_i)(y_{i+1}-y_i) \end{aligned} \tag{8-9}$$

即当 $S_{n+1}=S_1$ 时

$$\oint_L x\mathrm{d}y = \frac{1}{2}\sum_{i=1}^{n}(x_{i+1}y_i - x_iy_{i+1}) \tag{8-10}$$

同理可得

$$\begin{aligned}\oint_L (-y)\mathrm{d}x &= -\left(\int_{y_1}^{y_2} \frac{x_2-x_1}{y_2-y_1}\mathrm{d}\frac{y^2}{2} + \int_{y_2}^{y_3} \frac{x_3-x_2}{y_3-y_2}\mathrm{d}\frac{y^2}{2} + \cdots + \int_{y_i}^{y_{i+1}} \frac{x_{i+1}-x_i}{y_{i+1}-y_i}\mathrm{d}\frac{y^2}{2}\right) \\ &= -\frac{1}{2}\sum_{i=1}^{n}(x_{i+1}-x_i)(y_{i+1}+y_i) \\ &= \frac{1}{2}\sum_{i=1}^{n}(x_{i+1}y_i - x_iy_{i+1})(S_{n+1}=S_1) \end{aligned} \tag{8-11}$$

因此可求得

$$A = \frac{1}{2}\sum_{i=1}^{n}(x_{i+1}y_i - x_iy_{i+1})(S_{n+1}=S_1) \tag{8-12}$$

由公式（8-12）可知，细胞平面区域面积可以通过其边界曲线 L 上所测得的点获得。

② 果皮表皮细胞重心坐标。由物理学可知，平面闭区域 R 的重心坐标可由下式表示

$$\overline{x} = \frac{\iint\limits_R x\rho(x,y)\mathrm{d}x\mathrm{d}y}{\iint\limits_R \rho(x,y)\mathrm{d}x\mathrm{d}y},\quad \overline{y} = \frac{\iint\limits_R y\rho(x,y)\mathrm{d}x\mathrm{d}y}{\iint\limits_R \rho(x,y)\mathrm{d}x\mathrm{d}y} \tag{8-13}$$

由于假设细胞为一个均匀连续体，因此 $\rho(x,y)$ 为一常量，公式（8-13）

可转换为

$$\bar{x}=\frac{\iint_R x\,\mathrm{d}x\mathrm{d}y}{\iint_R \mathrm{d}x\mathrm{d}y},\quad \bar{y}=\frac{\iint_R y\,\mathrm{d}x\mathrm{d}y}{\iint_R \mathrm{d}x\mathrm{d}y} \tag{8-14}$$

因 $A=\iint_R \mathrm{d}x\mathrm{d}y$，则

$$\bar{x}=\frac{1}{A}\iint_R x\,\mathrm{d}x\mathrm{d}y,\quad \bar{y}=\frac{1}{A}\iint_R y\,\mathrm{d}x\mathrm{d}y \tag{8-15}$$

由格林公式将式（8－15）转化为

$$\bar{x}=\frac{1}{A}\iint_R x\,\mathrm{d}x\mathrm{d}y=\frac{1}{A}\int_L \frac{1}{2}x^2\,\mathrm{d}y \tag{8-16}$$

同细胞面积问题，有

$$\begin{aligned}\bar{x}&=\frac{1}{A}\left(\int_{x_1}^{x_2}\frac{1}{2}x^2\frac{y_2-y_1}{x_2-x_1}\mathrm{d}x+\int_{x_2}^{x_3}\frac{1}{2}x^2\frac{y_3-y_2}{x_3-x_2}\mathrm{d}x+\cdots+\int_{x_i}^{x_{i+1}}\frac{1}{2}x^2\frac{y_{i+1}-y_i}{x_{i+1}-x_i}\mathrm{d}x\right)\\&=\frac{1}{6A}\left(\int_{x_1}^{x_2}\frac{y_2-y_1}{x_2-x_1}\mathrm{d}x^3+\int_{x_2}^{x_3}\frac{y_3-y_2}{x_3-x_2}\mathrm{d}x^3+\cdots+\int_{x_i}^{x_{i+1}}\frac{y_{i+1}-y_i}{x_{i+1}-x_i}\mathrm{d}x^3\right)\\&=\frac{1}{6A}\sum_{i=1}^{n}\frac{y_{i+1}-y_i}{x_{i+1}-x_i}(x_{i+1}^3-x_i^3)\\&=\frac{1}{6A}\sum_{i=1}^{n}(y_{i+1}-y_i)(x_{i+1}^2+x_{i+1}x_i+x_i^2)\end{aligned} \tag{8-17}$$

同理

$$\begin{aligned}\bar{y}&=\frac{1}{A}\iint_R y\,\mathrm{d}x\mathrm{d}y=\frac{1}{A}\int_L \frac{1}{2}y^2\,\mathrm{d}x\\ \bar{y}&=\frac{1}{6A}\left(\int_{y_1}^{y_2}\frac{x_2-x_1}{y_2-y_1}\mathrm{d}y^3+\int_{y_2}^{y_3}\frac{x_3-x_2}{y_3-y_2}\mathrm{d}y^3+\cdots+\int_{y_i}^{y_{i+1}}\frac{x_{i+1}-x_i}{y_{i+1}-y_i}\mathrm{d}y^3\right)\\&=\frac{1}{6A}\sum_{i=1}^{n}\frac{x_{i+1}-x_i}{y_{i+1}-y_i}(y_{i+1}^3-y_i^3)\\&=\frac{1}{6A}\sum_{i=1}^{n}(x_{i+1}-x_i)(y_{i+1}^2+y_{i+1}y_i+y_i^2)\end{aligned} \tag{8-18}$$

即细胞重心的坐标可以转换为

$$\bar{x}=\frac{1}{6A}\sum_{i=1}^{n}(y_{i+1}-y_i)(x_{i+1}^2+x_{i+1}x_i+x_i^2),$$

$$\bar{y}=\frac{1}{6A}\sum_{i=1}^{n}(x_{i+1}-x_i)(y_{i+1}^2+y_{i+1}y_i+y_i^2) \tag{8-19}$$

③ 果皮表皮细胞纵横比与定位方向的确定。

为了获得表皮细胞的纵横比及定位方向，把表皮细胞视为平面薄片，采用最小二乘椭圆拟合算法，同时为了避免表皮细胞平面闭区域 R 不规则的边界对计算精度的影响，在计算过程中使用了惯性矩和惯性积来表达表皮细胞的纵横比与定位方向，使得细胞的形状和方位不会因坐标系的不同而变化。

由物理学可知，平面闭区域 R 表皮细胞对于 x 轴、y 轴的惯性矩的积分表达式为

$$I_x=\iint_R y^2\rho(x, y)\mathrm{d}x\mathrm{d}y,\ I_y=\iint_R x^2\rho(x, y)\mathrm{d}x\mathrm{d}y \quad (8-20)$$

平面坐标系中惯性积表达式为

$$I_{xy}=\iint_R xy\rho(x, y)\mathrm{d}x\mathrm{d}y \quad (8-21)$$

令 $\rho(x, y)=1$，则

$$I_x=\iint_R y^2\mathrm{d}x\mathrm{d}y,\ I_y=\iint_R x^2\mathrm{d}x\mathrm{d}y,\ I_{xy}=\iint_R xy\mathrm{d}x\mathrm{d}y \quad (8-22)$$

由格林公式将式 $I_x=\iint_R y^2\mathrm{d}x\mathrm{d}y$，$I_y=\iint_R x^2\mathrm{d}x\mathrm{d}y$ 转化为边界的曲线积分为

$$I_x=\iint_R y^2\mathrm{d}x\mathrm{d}y=\oint_L\left(-\frac{1}{3}\right)y^3\mathrm{d}x,\ I_y=\iint_R x^2\mathrm{d}x\mathrm{d}y=\oint_L\frac{1}{3}x^3\mathrm{d}y \quad (8-23)$$

同细胞面积问题，则有

$$\begin{aligned}I_x&=\oint_L(-\frac{1}{3})y^3\mathrm{d}x\\&=-\frac{1}{3}\left(\int_{y_1}^{y_2}\frac{x_2-x_1}{y_2-y_1}y^3\mathrm{d}y+\int_{y_2}^{y_3}\frac{x_3-x_2}{y_3-y_2}y^3\mathrm{d}y+\cdots+\int_{y_i}^{y_{i+1}}\frac{x_{i+1}-x_i}{y_{i+1}-y_i}y^3\mathrm{d}y\right)\\&=-\frac{1}{12}\left(\int_{y_1}^{y_2}\frac{x_2-x_1}{y_2-y_1}\mathrm{d}y^4+\int_{y_2}^{y_3}\frac{x_3-x_2}{y_3-y_2}\mathrm{d}y^4+\cdots+\int_{y_i}^{y_{i+1}}\frac{x_{i+1}-x_i}{y_{i+1}-y_i}\mathrm{d}y^4\right)\\&=-\frac{1}{12}\sum_{i=1}^{n}\frac{x_{i+1}-x_i}{y_{i+1}-y_i}(y_{i+1}^4-y_i^4)\\&=-\frac{1}{12}\sum_{i=1}^{n}(y_{i+1}^2+y_i^2)(x_{i+1}-x_i)(y_{i+1}+y_i)\\&=\frac{1}{12}\sum_{i=1}^{n}(y_{i+1}^2+y_iy_{i+1}+y_i^2)(x_iy_{i+1}-x_{i+1}y_i)(S_{n+1}=S_1)\end{aligned} \quad (8-24)$$

同理 $I_y=\oint_L\frac{1}{3}x^3\mathrm{d}y$

$$=\frac{1}{3}\left(\int_{x_1}^{x_2}\frac{y_2-y_1}{x_2-x_1}x^3\mathrm{d}x+\int_{x_2}^{x_3}\frac{y_3-y_2}{x_3-x_2}x^3\mathrm{d}x+\cdots+\int_{x_i}^{x_{i+1}}\frac{y_{i+1}-y_i}{x_{i+1}-x_i}x^3\mathrm{d}x\right)$$

$$=\frac{1}{12}\left(\int_{x_1}^{x_2}\frac{y_2-y_1}{x_2-x_1}\mathrm{d}x^4+\int_{x_2}^{x_3}\frac{y_3-y_2}{x_3-x_2}\mathrm{d}x^4+\cdots+\int_{x_i}^{x_{i+1}}\frac{y_{i+1}-y_i}{x_{i+1}-x_i}\mathrm{d}x^4\right)$$

$$=\frac{1}{12}\sum_{i=1}^{n}\frac{y_{i+1}-y_i}{x_{i+1}-x_i}(x_{i+1}^4-x_i^4)$$

$$=\frac{1}{12}\sum_{i=1}^{n}(x_{i+1}^2+x_{i+1}x_i+x_i^2)(x_iy_{i+1}-x_{i+1}y_i)\ (S_{n+1}=S_1)\tag{8-25}$$

即表皮细胞平面闭区域对 x 轴、y 轴的惯性矩的积分表达式可以转换为

$$I_x=\frac{1}{12}\sum_{i=1}^{n}(y_{i+1}^2+y_{i+1}y_i+y_i^2)(x_iy_{i+1}-x_{i+1}y_i)\tag{8-26}$$

$$I_y=\frac{1}{12}\sum_{i=1}^{n}(x_{i+1}^2+x_{i+1}x_i+x_i^2)(x_iy_{i+1}-x_{i+1}y_i)(S_{n+1}=S_1)\tag{8-27}$$

同时根据文献资料可知，惯性积在平面坐标系中表示式为：

$$I_{xy}=\frac{\sum_{i=1}^{n}(2x_iy_i+x_iy_{i+1}+x_{i+1}y_i+2x_{i+1}y_{i+1})(x_{i+1}y_i-x_iy_{i+1})}{24}\tag{8-28}$$

为了获得表皮细胞的纵横比与定位方向，令

$$u_1=I_x-A\overline{y}^2,\ u_2=I_y-A\overline{x}^2,\ u_3=I_{xy}-A\overline{xy}$$

根据参考文献可求得细胞纵横比与定位方向为

$$AR=\frac{\sqrt{\dfrac{2\ (u_1+u_2+\sqrt{4u_3^2+(u_2-u_1)^2}\ )}{u_3}}}{\sqrt{\dfrac{2\ (u_1+u_2-\sqrt{4u_3^2+(u_2-u_1)^2}\ )}{u_3}}}\tag{8-29}$$

$$\Phi=\frac{1}{2}\tan^{-1}\left(\frac{2u_3}{u_2-u_1}\right)\tag{8-30}$$

8.4 数据分析方法的选择

众所周知，许多生物现象的计量数据都近似服从正态分布，而正态分布是最重要的一种概率分布，在数学、生物及工程等领域统计学方面有着非常重要的应用，本章运用 Kolmogorov - Smirnov 检验（K - S 检验）比较了单样本数据是否符合正态分布及不同样本数据之间的差异性。Kolmogorov - Smirnov 检

验是基于累计分布函数，求得样本数据和标准数据之间的偏差，即在每一个样本数据点上考虑它们之间的偏差，属于非参数检验；主要用于有计量单位的连续数据和定量数据，检验结果与区间划分无关，不依赖于均值的位置，对尺度化不敏感。通过 SAS 统计分析软件进行数据的 Kolmogorov - Smirnov 检验时，采取了 95%的置信区间，并根据检验结果的 *p - value* 值来推断样本数据是否取自理论分布及样本之间是否存在显著性差异。

8.5 果皮表皮细胞层 Voronoi 图的构建与分析

通过 Matlab 程序并综合植物结构学、生物物理学、生物数学与计算机图形学等各学科知识，能够实现对表皮细胞组织结构的仿真。图 8 - 6 所示为表皮细胞组织层 Voronoi 图生成的示意图。

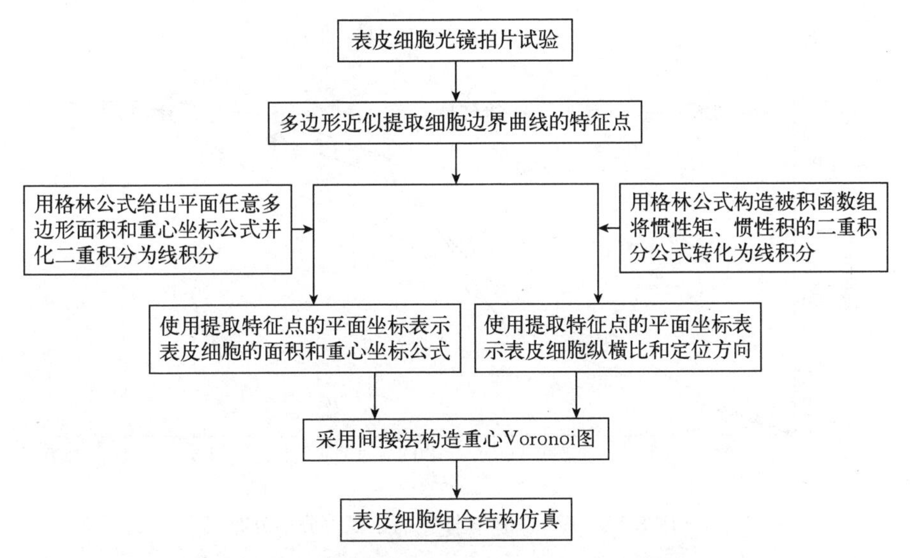

图 8 - 6　表皮细胞层 Voronoi 图生成的示意图

8.5.1 果皮表皮细胞几何特征参数的差异分析

通过测定计算发现 3 个品种果皮表皮组织层的几何特征存在一定的差异。通过 K - S 检验发现 3 个品种表皮细胞面积（不包含孔隙）的分布均近似于正态分布，检验结果列于表8 -1 中。经计算获得红富士表皮细胞的平均面积最小，而丹霞表皮细胞平均面积最大，且丹霞、红富士、新红星表皮细胞（不包含孔隙）的平均面积分别为276. 81 μm^2、89. 27 μm^2、159. 29 μm^2。

表 8-1 果皮表皮细胞面积分布的 K-S 检验结果

K-S检验	丹霞	红富士	新红星
均值	5.546 799	4.412 668	5.013 143
标准差	0.422 126	0.411 289	0.404 146
$P_r>D$	>0.150	>0.150	>0.150

不同品种果皮表皮细胞形状的变换及差异可以通过其纵横比的分布反映，图 8-7 为 3 种果皮表皮细胞纵横比的累积百分率分布图，从图 8-7 中可以看出，在其纵横比较大处，红富士表皮细胞比丹霞和新红星的分布多，而且从光学显微镜图中也可以观察到，红富士表皮细胞形状的圆形度比丹霞和新红星的差，事实上计算获得 3 种果皮表皮细胞纵横比的均值也是以红富士的最大为 1.12，而新红星的最小为 0.99，且表皮细胞的纵横比的值与其面积的大小无关。

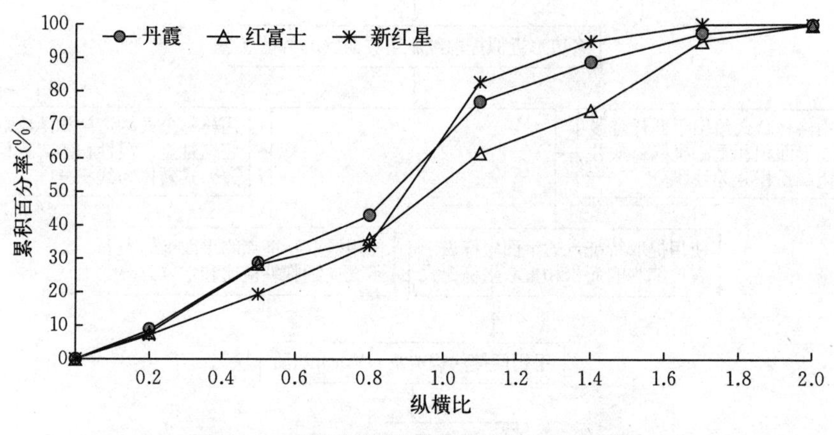

图 8-7 表皮细胞纵横比的累积百分率分布

8.5.2 果皮表皮细胞层 Voronoi 图的构建

图 8-8、图 8-9、图 8-10 分别为丹霞、红富士和新红星表皮细胞层的重心 Voronoi 图与其光镜微观结构的对比图。虽然重心 Voronoi 图具有空间均匀采样的性质，但是从图 8-8b、图 8-9b、图 8-10b 中可以看出，采用重心 Voronoi 多边形法仿真出的表皮细胞的大小比较平衡。

图 8-11 为 3 种实测果皮表皮细胞（包含孔隙）面积分布与重心 Voronoi 单元面积分布，从图 8-11 中可知，红富士和新红星果皮表皮层的重心 Voronoi

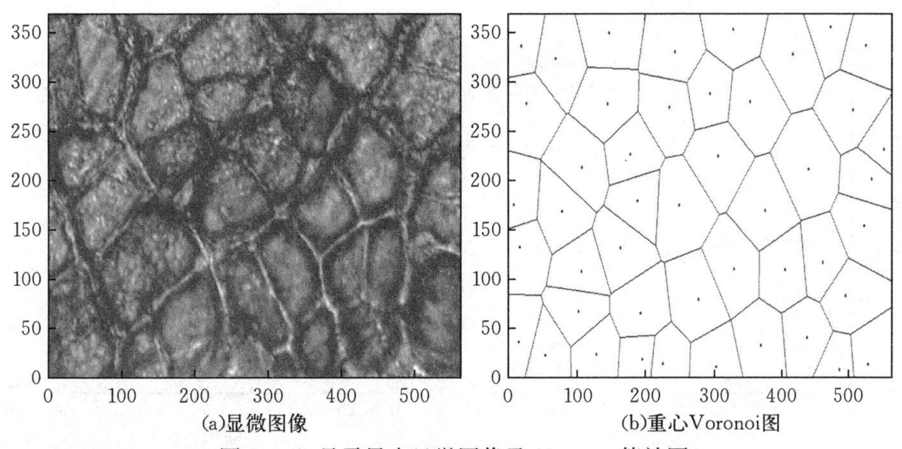

图 8-8　丹霞果皮显微图像及 Voronoi 等效图

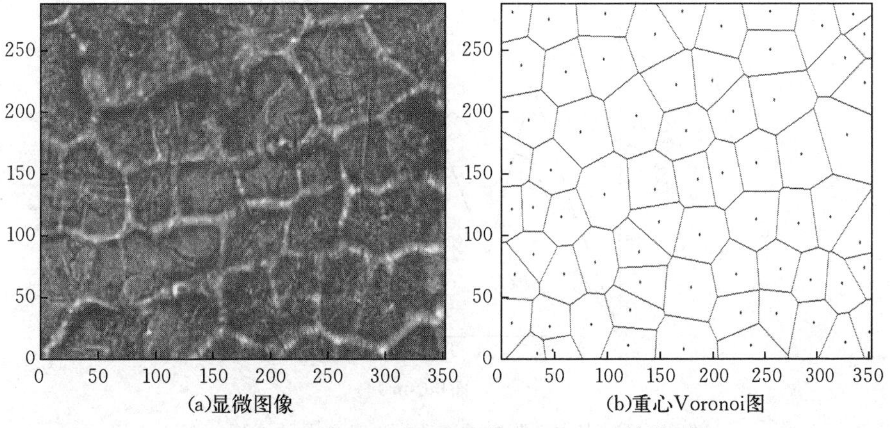

图 8-9　红富士果皮显微图像及 Voronoi 等效图

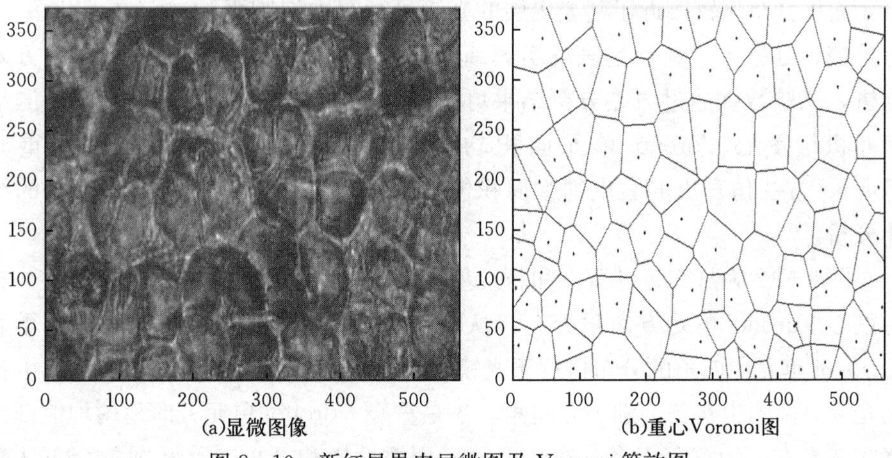

图 8-10　新红星果皮显微图及 Voronoi 等效图

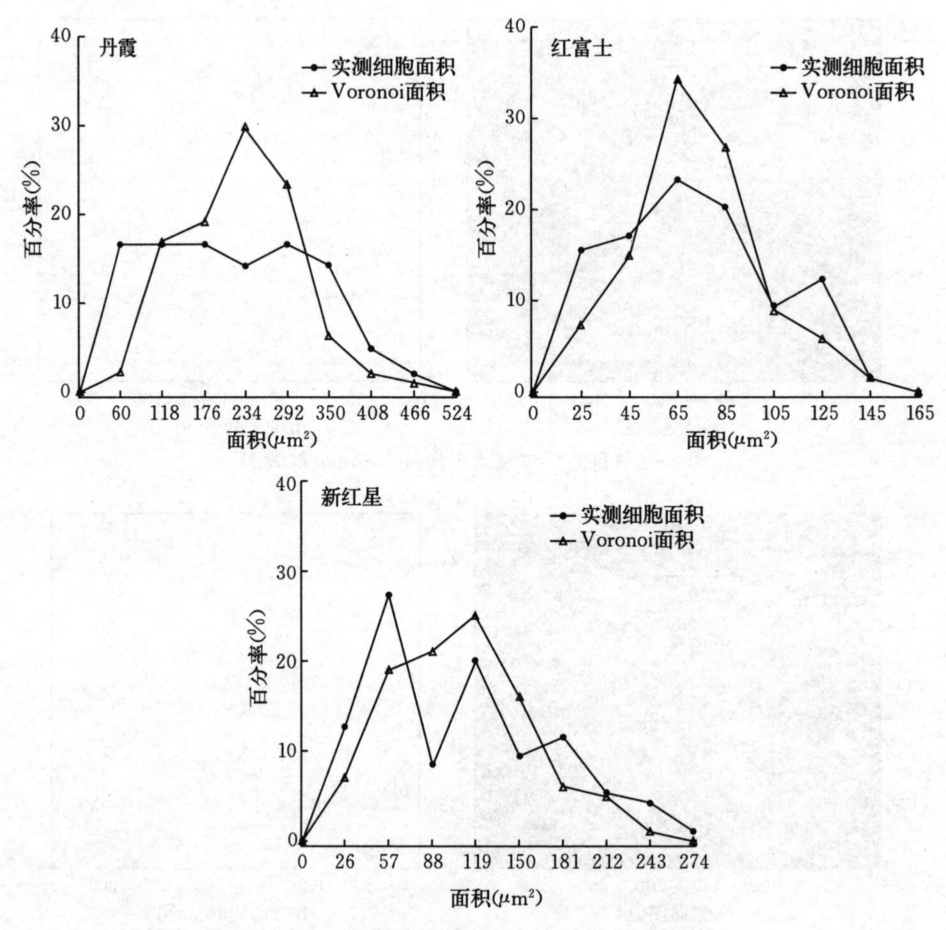

图 8-11　表皮细胞和重心 Voronoi 单元的面积分布

单元面积分布比较接近于其表皮层的光镜显微图中细胞面积的分布。表 8-2 为丹霞、红富士、新红星表皮实测细胞面积与重心 Voronoi 单元面积的方差分析，试验数据通过方差分析结果可知，丹霞、红富士、新红星表皮实测细胞面积与重心 Voronoi 单元面积均不存在显著性差异。可见使用重心 Voronoi 方法仿真出的表皮细胞面积能够很好地用来进行表皮细胞面积的统计分析。

图 8-12 为丹霞、红富士和新红星实测表皮细胞（包含孔隙）方向角分布与重心 Voronoi 单元方向角分布，从图 8-12 中可知，3 种果皮表皮层重心 Voronoi 单元方向角的分布接近于光镜显微图中细胞方向角的分布，而且不论是光镜显微图中实测的细胞方向角，还是重心 Voronoi 单元方向角的均值都围绕在 0°左右，均符合正态分布，可见采用惯性矩和最小二乘椭圆拟合方法获

得的方向角可以保证细胞的形状和方位不会因坐标系的不同而变化。

表 8-2 3 种苹果表皮细胞与重心 Voronoi 单元面积方差分析

品种	方差来源	自由度	平方和	均方	*F*-Value	*Pr* > *F*
丹霞	模型	1	2 411.40	2 411.40	0.23	0.629 0
	误差	92	944 199	10 263		
	总和	93	946 611			R^2=0.002 547
红富士	模型	1	48.39	48.39	0.04	0.837 4
	误差	134	153 290	1 144		
	总和	135	153 338			R^2=0.000 316
新红星	模型	1	308.98	308.98	0.08	0.772 7
	误差	198	73 098	3 691.85		
	总和	199	731 295			R^2=0.000 423

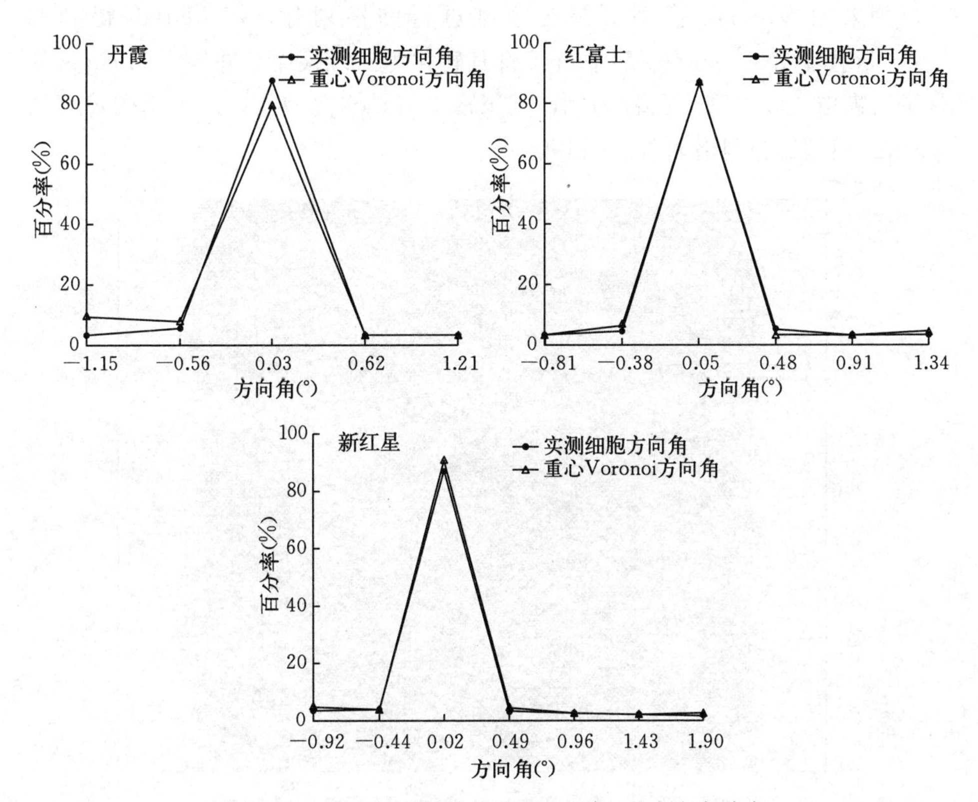

图 8-12 表皮细胞和重心 Voronoi 单元的方向角分布

8.6 果皮穿刺特性模拟与分析

采用 Solidworks 软件进行苹果果皮穿刺模型的构建，穿刺探头为直径 2 mm 的圆柱体，苹果果皮穿刺模拟试验三维模型如图 8-13 所示。

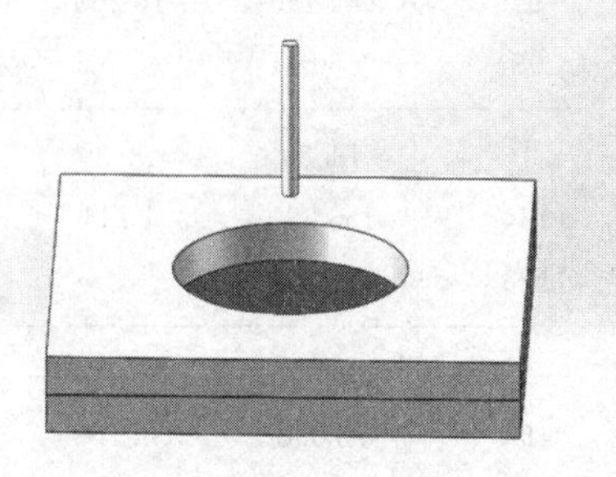

图 8-13 苹果果皮穿刺模拟试验的三维模型

为采用 Voronoi 模型对果皮模型进行网格划分，将 Matlab 得到的 Voronoi 模型导入 AutoCAD 软件，将其转化为三维模型，并导入 Abaqus 软件进行模拟。以红富士品种为例，其果皮 Voronoi 模型及以此为基础建立的 Abaqus 模型划分网格如图 8-14 所示。

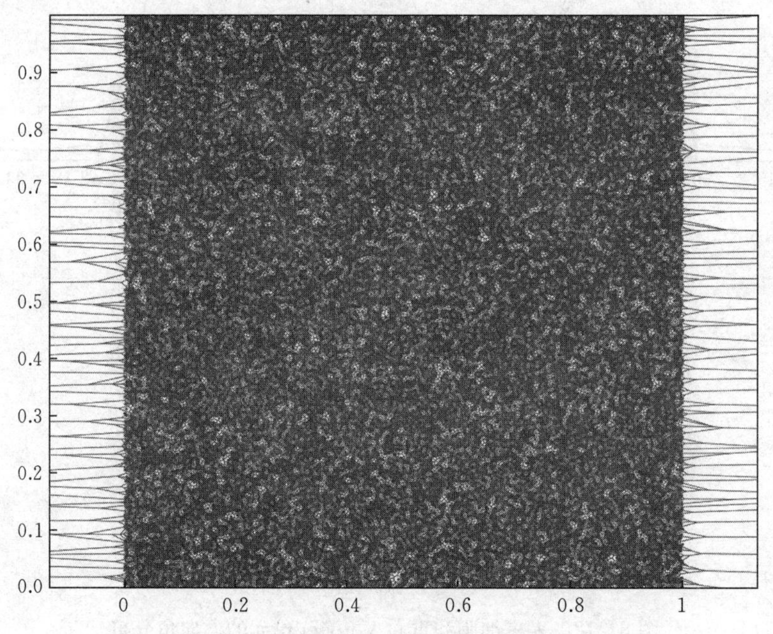

图 8-14 红富士苹果果皮组织 Voronoi 模型（附彩图）

对导入的模型进行属性及参数设定（图 8-15），果皮开裂之后的直接应力为 0.21 N/mm^2，直接开裂应变为 0.18，设定密度及弹性参数，完成塑性损伤模型构建。完成属性参数设定后，设置被穿刺模型无位移，穿刺探头模型以设定的速度向被穿刺模型位置移动，穿刺深度为 5 mm。设定模型的运动方式为几何非线性，提交并得到分析结果。以红富士果皮组织在1 mm/s 加载速度下的穿刺力学试验为模拟试验对象，苹果果皮穿刺强度最大值为 0.15 N/mm^2，模拟试验所得应力最大值为 0.17 N/mm^2。

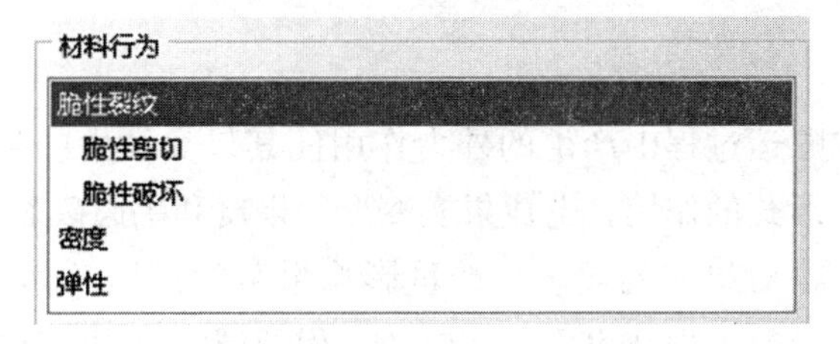

图 8-15　苹果果肉组织穿刺模拟的属性参数设定

第9章 果蔬不同组织贮运品质生物力学评价

9.1 概述

果蔬果实在贮运过程中产生的外力作用使其果实发生静载、挤压、碰撞、冲击等多种载荷形式的作用，造成果实变形、果皮和果肉破裂，形成损伤；而损伤加速了微生物对果实的侵害，严重影响果蔬的品质及其经济效益。近年来，随着日新月异的工程技术手段在农业工程领域的应用，运用生物力学性质指标评价农产品品质已引起农业工程领域及农学家的广泛关注。因此，本章以苹果为研究对象，构建苹果不同组织贮运品质生物力学评价体系，以期正确、客观、实用、科学地了解果蔬不同组织质地抵抗贮运损伤的能力，为提高果蔬贮运品质，采取有效措施实施控制提供参考依据。

9.2 苹果不同组织贮运品质生物力学指标体系构建

众所周知，评价的依据关键是正确确定评价指标，但依据单一指标对被评价事物做出的评价判断不够全面，为了全面反映被评价事物的整体情况，需要应用多指标综合评价方法，汇聚被评价事物的信息。评价指标体系的确定是进行综合评价的基础，评价指标体系是评价对象和评价专家相互联系的纽带，是由多个相互联系的指标按照一定的层次组成的有机整体，建立科学合理的评价指标体系是获得科学公正的综合评价结论的前期。

以苹果不同组织贮运品质生物力学评价为例。

苹果不同组织贮运品质评价指标体系构建以苹果不同组织材料静动态生物力学性质及流变特性指标为基础，采用专家调研法，对生物力学指标进行选择，并按照评价指标具有可测性、可操作性强、具有代表性、指标宜少不宜多的贮运原则，确定了苹果不同组织品质的生物力学性质指标：苹果果皮弹性模量、苹果果皮抗拉强度、苹果果皮穿刺强度、苹果果皮剪切强度、苹果果皮撕裂强度、苹果果肉穿刺断裂力、苹果果肉压缩硬度、苹果果核穿刺断裂力、苹果果核压缩硬度。试验研究结果表明，苹果不同组织流变特性能够很好地表达苹果的黏弹特性，但在实际试验中，测试时间耗时较长，因此，在选择指标时没有考虑松弛模量和蠕变柔量，确定的指标体系如图 9-1 所示。由图 9-1 可知，该评价体系由 1 个一级指标和 9 个二级指标组成。

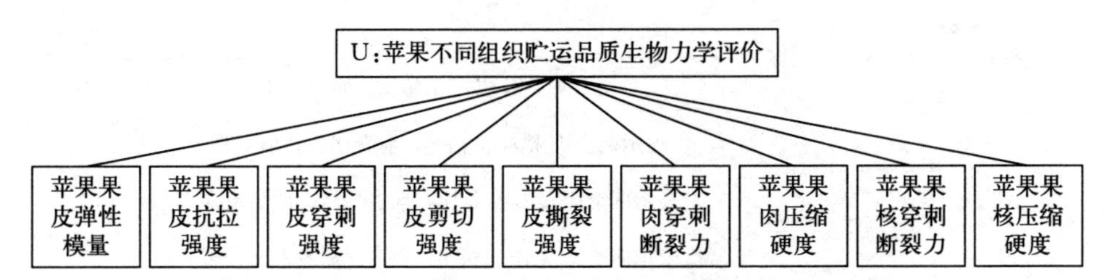

图 9-1　苹果不同组织贮运品质生物力学评价体系结构图

9.3　生物力学评价指标权重的确定

9.3.1　评价方法

在综合评价决策中，指标的权重是至关重要的，它反映了指标在评价过程中所占有地位或作用，也是一种主观与客观度量的反映，直接影响到综合决策的结果。评价指标权重的确定方法一般有德尔菲（专家调查）法、层次分析法、熵值法、模糊聚类分析法等。其中，层次分析法（analytic hierarchy process，AHP）是目前使用较多的一种方法，该方法把定性分析和定量分析相结合，使得对各指标之间重要程度的分析更加具有逻辑，配合数学处理，可信度较大，应用范围广泛；德尔菲法根据专家的主观判断获得权数，从而使专家的意见不受互相影响。为了保证指标权重的公正、客观，本研究运用德尔菲法和层次分析法来确定苹果不同组织贮运品质生物力学评价指标的权重。

9.3.2　生物力学指标权重的调查

为了获得苹果不同组织贮运品质生物力学评价体系中各指标变量的权重系数，设计了获得判断矩阵的专家调查表，该表结合德尔菲法和层次分析法而确定，每位专家在收到表格后，按照调查表中设置的重要等级选择。为了使获得的数据较客观公正反映出评价结果，选择山西农业大学、洛阳理工大学、运城学院等长期从事材料力学研究的 9 位专家调查有关苹果不同组织贮运品质生物力学指标的重要性。经过反复汇总和专家反馈意见，在各位专家意见趋于一致后确定最后的重要等级，并对照层次分析中常用的 1～9 标度法（表 9－1），对各指标进行两两比较，将各指标重要程度量化。

表 9－1　判断矩阵 1～9 标度及其含义

标度	含有
1	表示两个因素 i，j 相比，同等重要
3	表示两个因素 i，j 相比，前者比后者稍重要
5	表示两个因素 i，j 相比，前者比后者明显重要
7	表示两个因素 i，j 相比，前者比后者重要得多
9	表示两个因素 i，j 相比，前者比后者极其重要
2，4，6，8	表示上述两相邻判断的中间值
1/3，1/5，1/7，1/9	若因素 i 与 j 的重要性之比为 u_{ij}，则因素 j 与 i 重要性之比为 $u_{ji}=1/u_{ij}$

9.3.3　构造判断矩阵

判断矩阵表示针对上一层次因素（设为 U），对本层次的各因素关于上一层次中与之有关因素（设为 u_1，u_2，…，u_n）之间的重要性进行两两比较。判断矩阵的形式如下：

U	u_1	u_2	…	u_n
u_1	u_{11}	u_{12}	…	u_{1n}
u_2	u_{21}	u_{22}	…	u_{2n}
⋮				
u_n	u_{n1}	u_{n2}	…	u_{nn}

该判断矩阵又称为正反矩阵，并具有如下性质：

(1) $u_{ij}>0$

(2) $u_{ij}=1/u_{ij}$　($i\neq j$)

(3) $u_{ii}=1$ (i，$j=1$，2，…，n)

本研究中，根据专家调查结果，确定苹果不同组织贮运品质生物力学评价体系中第二层次因素 u_1，u_2，…，u_n 相对于总目标层 U 的判断矩阵如下：

$$U=\begin{bmatrix} 1 & 3 & 1/3 & 4 & 3 & 1 & 1/3 & 5 & 5 \\ 1/3 & 1 & 1/3 & 3 & 4 & 5 & 3 & 3 & 7 \\ 3 & 3 & 1 & 3 & 3 & 3 & 1 & 5 & 5 \\ 1/4 & 1/3 & 1/3 & 1 & 1/3 & 2 & 1/3 & 4 & 3 \\ 1/3 & 1/4 & 1/3 & 3 & 1 & 1 & 1/5 & 3 & 3 \\ 1 & 1/5 & 1/3 & 1/2 & 1 & 1 & 1/3 & 9 & 5 \\ 3 & 1/3 & 1 & 3 & 5 & 3 & 1 & 3 & 3 \\ 1/5 & 1/3 & 1/5 & 1/4 & 1/3 & 1/9 & 1/3 & 1 & 3 \\ 1/5 & 1/7 & 1/5 & 1/3 & 1/3 & 1/5 & 1/3 & 1/3 & 1 \end{bmatrix}$$

9.3.4 层次单排序

层次单排序指基于判断矩阵计算本层次的各因素相对于上一层次中某一因素的重要性的权重。层次单排序计算可归结为计算判断矩阵的最大特征值及其特征向量，一般可以采用迭代法在计算机上求得近似的最大特征值及其对应的特征向量。本研究采用根法计算方法获得判断矩阵的最大特征值及其对应特征向量，计算步骤如下：

（1）对判断矩阵每一行元素求积 M_i：

$$M_i = \prod_{j=1}^{n} u_{ij}, \ i = 1, 2, \cdots, n \tag{9-1}$$

（2）计算 M_i 的 n 次方根 w_i：

$$w_i = \sqrt[n]{M_i} \tag{9-2}$$

（3）对 w_i 的 n 次方根进行归一化处理，即得到各指标权数 W_i：

$$W_i = \frac{w_i}{\sum_{j=1}^{n} w_j} \tag{9-3}$$

$$W = [W_1, W_2, \cdots, W_n]^T \tag{9-4}$$

9.3.5 一致性检验

判断矩阵的建立，完成判断思维数学化，使得复杂的问题定量定性分析成为可能，为了保证获得的结论合理性，需要对构造的判断矩阵进行一致性的检验，从而保证判断思维的一致性，其一致性的指标计算如下：

$$CR = \frac{CI}{RI} \tag{9-5}$$

$$CI = \frac{\lambda_{max} - n}{n - 1} \tag{9-6}$$

$$\lambda_{max} = \frac{1}{n}\sum_{i=1}^{n}\frac{(UW)_i}{w_i} \tag{9-7}$$

式中：CI——判断矩阵的一致性指标；

RI——平均随机一致性指标，如表 9-2 所示为 1～11 阶判断矩阵的 RI；

λ_{max}——判断矩阵的最大特征值；

n——判断矩阵的阶数；

$(UW)_i$——向量 UW 的第 i 个元素。

若随机一致性比率 $CR<0.1$，即认为判断矩阵具有满意一致性，否则需要调整判断矩阵的元素取值。

表 9-2　平均随机一致性指标 *RI* 的取值标准

阶数	1	2	3	4	5	6	7	8	9	10	11
RI	0.00	0.00	0.58	0.90	1.12	1.24	1.32	1.41	1.45	1.49	1.51

9.3.6　层次总排序及一致性检验

依次沿递阶层次结构由上而下逐层计算，可获得最低层因素相对于最高层（总目标层）的相对重要性或相对优劣的排序值，即层次总排序。

因本研究中所构建的苹果不同组织贮运品质生物力学评价指标体系只有两层结构，只需对判断矩阵 U 进行单排序及一致性检验，其计算结果为：

$$M_1=100,\ M_2=420,\ M_3=6\,075$$

$$M_4=\frac{2}{27},\ M_5=\frac{3}{20},\ M_6=\frac{1}{2}$$

$$M_7=405,\ M_8=\frac{1}{8\,100},\ M_9=\frac{1}{70\,875}$$

$$w_1=1.668\,1,\ w_2=1.956\,5,\ w_3=2.632\,5$$

$$w_4=0.748\,9,\ w_5=0.809\,9,\ w_6=0.925\,9$$

$$w_7=1.948\,6,\ w_8=0.367\,9,\ w_9=0.289\,1$$

$$W=[0.148\,8\quad 0.172\,4\quad 0.232\,0\quad 0.066\,0\quad 0.071\,4\quad 0.081\,6\quad 0.171\,7\quad 0.032\,4\quad 0.025\,5]^T$$

$$\lambda_{max}=9.535\,9,\ CI=0.067\,0,\ RI=1.45$$

则

$$CR=0.046\,2<0.1$$

由上述计算结构可知，判断矩阵 U 满足一致性，即各生物力学指标相对于整个苹果不同组织贮运品质的重要程度由大到小依次排列为：苹果果皮穿刺强度、苹果果皮抗拉强度、苹果果肉压缩硬度、苹果果皮弹性模量、苹果果肉穿刺断裂力、苹果果皮撕裂强度、苹果果皮剪切强度、苹果果核穿刺断裂力、苹果果核压缩硬度，权重系数依次为0.232 0、0.172 4、0.171 7、0.148 8、0.081 6、0.071 4、0.066 0、0.032 4、0.025 5。

第 10 章　总结与展望

10.1　总结

果蔬果皮的生物力学性质对分析果蔬采收、包装、加工、运输等过程中的机械损伤具有重要的意义，准确地了解果蔬果皮的力学性质，不仅为设计制造有关的机械系统和加工工艺提供理论依据，而且为果蔬品种的优种优育及果皮质地评价提供参考依据。同时对果皮微观组织结构的深入研究，为分析比较不同品种果蔬果皮宏观力学性质及微观组织结构的差异提供有力的支持。因此，本书围绕以上目标进行研究，获得以下方面的研究成果：

（1）果蔬果皮拉伸时的应力-应变曲线大致呈 S 形，果皮在断裂时从应力比较集中的果点处开始，随后逐渐延伸，为果皮材料非线性模型的建立提供参考依据。在相同加载速度下，苹果果皮拉伸时相同部位的弹性模量均值均以新红星果皮的最大；果皮纵向的弹性模量均值均高于其横向的弹性模量均值，且差异较大，果皮均为各向异性材料。苹果果皮同一部位同一方向的抗拉强度均值均以新红星的最大，纵向拉伸的抗拉强度均值均高于其横向的，在设计采收机械时应考虑以向阳面纵向的方向夹持苹果。苹果果皮横向的断裂应变均大于其纵向的断裂应变，表明果皮横向试样的扩展性强于其纵向试样的。

（2）不同加载速度下，当加载速度小于 5 mm/s 时，果皮拉伸时的应力-应变曲线呈非线性关系，均无明显的生物屈服点，试样断裂具有不同时性；当加载速度大于 5 mm/s 时，应力-应变曲线表现出近似的线性特征，试样发生脆性断裂。在试验范围内，随着加载速度的增加，同一品种果皮的拉伸力学特性指标均值基本上呈现先增大后减小的趋势，果皮抗拉强度、弹性模量在增至极限值的过程中出现 2 个及以上峰值，具有波动性；果皮的抗拉强度极限最大值与最小值之间存在显著的差异；表明苹果果皮的拉伸力学特性参数对加载速度的变化具有敏感性，在贮运过程中应考虑不同加载速度对果皮的机械损伤程度，针对不同品种苹果选择最佳的贮运速度。在相同加载速度下，丹霞果皮的抗拉强度基本上均大于红富士果皮的抗拉强度；不同品种苹果对加载速度变化的敏感程度不同，在贮运过程中丹霞果皮保护果实损伤和破坏的能力高于红富士果皮。

（3）低加载速度变化的响应滞后缓慢，果皮对外界环境条件的改变比较敏感；高加载速度下果皮抗拉强度和弹性模量的提升幅度相对较低或为负值，反映出高加载速度的变化对果皮变形量的改变不明显。不同加载速度对丹霞果皮抗拉强度的影响远远大于对红富士果皮抗拉强度的影响，在贮运过程中丹霞品种果皮力学特性更易受到不同加载速度的影响而变化，其组织结合方式可能更易抵抗加载速度的变化而导致的损伤。通过加载速度的变化预测果皮抗拉强度和弹性模量的变化趋势，采用三阶多项式或四阶多项式进行拟合，即拟合的多项式曲线能够较好地描述加载速度与果皮抗拉强度、弹性模量的非线性关系。

（4）同一品种果蔬果皮纵向和横向试样的弹性模量均有差异，果蔬果皮为各向异性材料；果蔬果皮弹性模量可表征材料抵抗变形的能力，且红富士苹果果皮弹性模量最大，台农芒果的最小，表明红富士苹果果皮抵抗变形的能力最强，其次是长茄子。果蔬果皮的抗拉强度作为果实损伤或破坏的重要评价指标，在采摘、运输、贮藏等过程中酥梨果皮对损伤的敏感性高于红富士、台农芒果、长茄子果皮；红富士苹果、台农芒果果皮的横向断裂应变均值均大于其纵向的，酥梨、长茄子果皮的与之相反，表明红富士苹果横向试样的扩展性强，酥梨、长茄子纵向试样的扩展性强。

（5）果皮撕裂时的载荷-位移曲线为多峰曲线，果皮试样撕裂的破坏模式是以细胞与细胞之间剥离为主；果皮材料具有复合薄膜的属性。果皮撕裂的平均作用力远低于其拉伸时的最大拉伸载荷；红富士果皮向阳面的撕裂强度大于其向阴面的，横向的大于其纵向的；丹霞果皮纵横向的撕裂强度相差不大，向阴面的撕裂强度大于其向阳面的，反映出果实裂果与果面碎裂的开裂形状及方式具有多种多样性。不同品种果皮相同部位的撕裂强度均值均以丹霞的最大，红富士果皮的最小；丹霞向阴面纵向果皮试样的撕裂强度与红富士相对应部位的撕裂强度均存在显著性差异。上述表明，丹霞果皮较红富士果皮具有良好的柔性，红富士果皮在生长过程中更易发生果实裂果及果面易碎裂。

（6）果皮剪切时的力-位移曲线可分为三个阶段，第一阶段由于果皮试样处于微屈曲状态，所加的载荷非常小且几乎恒定不变；第二阶段果皮试验的微屈曲状态逐渐消失，果皮的组织细胞开始变形，细胞本身的膨压不断增大，所加的载荷逐渐增大；第三阶段果皮组织细胞的膨压急剧增加，所加载荷也急剧增大，直到细胞破裂；不同品种间果皮的剪切强度均以新红星的最大，丹霞果皮的最小，表明新红星果皮抵抗内外载荷错动的能力、致密性均强于其他两种果皮。同一品种向阳面果皮剪切强度的均值均大于其向阴面的剪切强度的均值，反映出果皮材料各向异性非均值的行为。

(7) 在直径 2 mm 压头下加载速度为 1 mm/s 时，新红星果皮与红富士、丹霞果皮存在显著性差异；采用直径为 3.5 mm 压头时，在不同加载速度下果皮的穿刺强度均不相同；不同品种间在 0.1 mm/s、0.5 mm/s、1 mm/s 的加载速度下苹果果皮向阳面的穿刺强度均值均以新红星的最大，向阴面果皮穿刺强度均值均以丹霞的最大。果皮在不同穿刺压头同一加载速度下所获得的穿刺强度均值均不相同，同种果皮在相同加载速度下以直径 2 mm 压头所获得的向阴面或向阳面穿刺强度的均值均大于其直径 3.5 mm 压头所获得的穿刺强度均值，且差异显著。

(8) 在相同压头同一加载速度下苹果果皮的穿刺强度均值小于苹果整果的穿刺强度均值。随着压头尺寸的增大，丹霞和新红星果皮穿刺质地对果实硬度贡献率值始终保持在 40%以上；而红富士果皮穿刺质地对果实硬度贡献率小于 28%；由此可知，红富士果皮较丹霞和新红星果皮更易损伤，且在包装、贮运过程中红富士苹果更易受到果柄的穿刺损伤，且红富士在整果穿刺时强度最大，反映出红富士果肉比丹霞和新红星果肉质地更加紧密。

(9) 不同压头在不同加载速度下果蔬果皮的穿刺试验表明，果皮的破裂抗力与压头直径呈线性正相关，果柄尺寸越小越易对果实造成机械损伤。在相同压头下，随着加载速度的增加，不同品种果蔬果皮的穿刺质地对其果实硬度贡献率的变化相对较大，在果蔬品种优选优育时应充分考虑到苹果果皮质地抵抗损伤的重要价值。苹果果皮穿刺强度与穿刺部位、加载速度呈极显著相关关系，不同品种苹果穿刺强度-速度曲线图峰值均不相同；在贮运过程中果皮损伤的敏感性从高到低依次为酥梨、长茄子、台农芒果、苹果。

(10) 苹果果皮 P2 探头 TPA 穿刺力学特性试验表明，随着加载速度增大，阳面果皮穿刺强度均大于阴面果皮穿刺强度；不同品种苹果果皮不同穿刺部位在 0.01 mm/s 加载速度下的穿刺强度均为最小值，与其他加载速度下果皮穿刺强度存在差异；穿刺强度与穿刺部位呈极显著负相关，相关系数为 0.24。由苹果果皮 P5 探头 TPA 穿刺力学特性试验可知，随着加载速度的增大，同一品种苹果果皮的穿刺强度先增大后减小再增大，在 13 mm/s 加载速度下为最大值，在 0.01 mm/s 加载速度下最小；不同品种苹果果皮在相同加载速度下丹霞果皮的穿刺强度均值均大于红富士果皮，且存在显著性的差异，丹霞果皮穿刺强度的影响率高于红富士果皮，表明丹霞果皮抵抗外载荷损伤的能力强于红富士果皮。

（11）相同加载速度下，新红星的果皮松弛初始应力、残余应力和应变保持与丹霞和红富士均存在显著性差异；试验得到了丹霞、红富士、新红星果皮的应力松弛特性曲线，果皮的应力松弛试验值可以采用五元件的麦克斯韦模型来进行描述。通过五元件的麦克斯韦模型获得了拟合参数值的大小，得到不同品种果皮的松弛模量函数。同一品种内及不同品种间果皮松弛模型拟合参数的研究表明，应力松弛参数中可表征果皮弹性的参数以新红星果皮的最大，而可表征果皮黏性的参数以红富士果皮的最大。

（12）苹果果皮的蠕变特性曲线可运用四元件伯格斯模型的拟合，通过对模型拟合获得的蠕变特性参数进行分析可知，新红星果皮的弹性强于丹霞和红富士，而红富士果皮的黏性强于丹霞和新红星果皮。通过主成分分析对不同品种果皮质地进行评价，发现果皮弹性因子的贡献率均大于其黏性因子的贡献率，果皮的质地均偏重于弹性；新红星果皮中表征其质地的弹性因子贡献率相对较大，而红富士果皮中黏性因子贡献率相对较大，因而红富士果皮较新红星果皮容易碎裂和受到机械损伤。

（13）随着加载速度增加，在松弛过程中，零时弹性模量越大，其残余变形越大，滞后损失就越多，表明随着加载速度的增大，丹霞果皮残余变形增大，滞后损失就越大；同时随着加载速度的增大，红富士果皮细胞壁一直保持弹性，而对果皮残余变形的影响不明显，反映出红富士果皮的质地相比丹霞果皮更接近于弹性体。不同加载速度下丹霞和红富士果皮弹性因子和黏性因子贡献率各不相同，但两种果皮均具有黏弹性，其果皮弹性因子的累计贡献率均大于其黏性因子累计贡献率。丹霞果皮细胞的流动性质较红富士果皮好，其果皮组织结构的黏性低于红富士果皮。

（14）丹霞和酥梨果皮的平衡弹性系数的均值远远大于长茄子和台农芒果果皮的；台农芒果、长茄子果皮的弹性系数远远大于其平衡弹性系数，表明弹性系数对其拟合模型的贡献较大；而丹霞、酥梨果皮的弹性系数的均值与其对应的平衡弹性系数差异不大。果蔬果皮的松弛时间均以酥梨果皮的最大，台农芒果的最小，反映出酥梨果皮的弹性最差。

（15）通过扫描电镜观测发现，新红星、丹霞鲜果果皮向阳面果皮表面上均不存在微裂纹，而向阴面上微裂纹的数量较多；红富士鲜果果皮向阴面果皮上微裂纹的数量远多于其向阳面果皮。随着品种的不同及同一品种内果实个体差异的存在，果皮角质层的厚度及分布状态、表皮细胞的形状大小、下皮层细胞的层数、果点的形状均存在差异。酥梨果皮表面有小的山丘状突起，无法辨识表皮细胞形状，表面存在大量的微裂纹，呈网状分布；台农芒果果皮表面粗糙，形成角质花纹，微裂纹分布不规则；长茄子果皮表面不存在微裂纹，表皮细胞形状呈长条状，排列较规则。贮藏 14 d、28 d 的苹果果皮，随着贮藏期的延长新红星、丹霞、红富士苹果向阳面果皮上均出现不同数量的微裂纹，且其向阴面果皮上微裂纹的宽度不断加剧，果皮表面上的角质层开始破碎脱离，尤其是新红星果皮表面上角质层脱落比较严重。苹果果皮表皮细胞在光镜下的形状均呈多边形（五边形或六边形），果皮上的果点的形状与扫描电镜下看到的果点形状相吻合，即新红星果皮上的果点呈圆形或椭圆形，而丹霞和红富士果皮上的果点呈多边形。

（16）同一品种内果蔬果皮拉伸力学特性的差异在于其果皮上微裂纹的存在及其数量；不同品种间果蔬果皮拉伸力学性质的差异与表皮细胞的形状、大小、排列方式及长宽比、表皮细胞之间的间距、角质层与表皮细胞的结合方式、微裂纹的数量及宽度、微裂纹的分布状态等密切相关。表皮细胞为圆形或椭圆形、表皮细胞间距较大时果皮的拉伸力学性质较好；表皮细胞长宽比对果皮弹性模量有着负面的影响，而角质层的厚薄对不同品种间果皮拉伸力学性质的差异影响不明显。苹果果皮拉伸断裂时呈现出细胞同时受力的断裂模式，表现出有抗撕裂的黏弹特征，发生不完全脆性断裂。

（17）苹果果皮进行撕裂时，其切口处的裂缝首先被撕开，但由于果皮表面上覆盖的角质层不可流动，使得表皮细胞被锁定，细胞之间的相对滑动变小，当受力细胞之间被相互剥离时，撕裂处就会获得撕裂曲线中的某一最高峰，随后其他相连接的细胞陆续被剥离时，便形成了曲线中的其他峰值，而那些撕裂时未被剥离的细胞之间因变形而承受的负荷在曲线中就形成了峰谷，使得苹果果皮撕裂的力-位移曲线呈现多峰曲线；同时，苹果果皮表面上的角质层较厚且均匀致密时会增强与表皮细胞之间的作用力，使细胞间相对滑移变小，果皮撕裂时撕裂处同时受力的细胞较少，导致果皮的撕裂作用的平均力较小。苹果果皮撕裂时主要发生细胞与细胞之间剥离的破坏模式；苹果果皮同一面同一部位的撕裂平均作用力的值远远小于其拉伸最大载荷的均值，反映出果皮撕裂时以细胞与细胞的剥离为主，而果皮拉伸时以细胞的断裂为主。

（18）在果蔬果皮穿刺时，若果皮上有微裂纹的存在，使得果皮组织结构的紧密程度降低，穿刺压头与试样接触后，接触点沿着果皮厚度方向压缩力的传播也较快，果皮容易被压头压裂或分开；不同品种间果皮穿刺强度的差异与表皮细胞的形状及表皮细胞的面积也密切相关。同时，苹果向阴面果皮上微裂纹的存在致使向阴面果皮剪切时抵抗错动的能力降低，且微裂纹的宽度越大果皮抗剪切的能力越低。

（19）果蔬果皮应力松弛阶段的曲线的快速松弛阶段是果皮组织中最基本的细胞结构弹性变形后的迅速恢复，如细胞的细胞壁、细胞膜等，而缓慢松弛阶段可以认为是细胞外部流体等在常应变下的缓慢恢复；果实果皮表皮细胞形状为圆形或椭圆形且侧壁较厚时，平衡弹性系数较大，表皮细胞的黏性较弱，使得表皮细胞之外流体、空气间隙中的自由水等相互之间的弹性与黏性都比较弱，易于移动。果蔬果皮拉伸蠕变时果皮的表皮细胞是主要的受力体，而表皮细胞外的组织结构只是起到了传递和分散应力的作用；果皮蠕变时由于果皮组织结构之间黏滞阻力的存在，使其形变与应力不能即刻达到平衡，果皮各层组织对外力的响应呈现出一个陆续的过程。

（20）果皮随着贮藏期的延长，果皮的力学性质及其微观结构均发生了变化。在贮藏期间，苹果果皮在向阳面出现了微裂纹或微裂纹宽度的加剧、果皮表面上角质层不同程度的脱离，使得果皮的抗拉强度、最大拉伸载荷、断裂应变均呈现下降的趋势，但苹果果皮表面上角质层的脱落及破碎，致使角质层对表皮细胞的锁定力大大减小，表皮细胞本身的伸长量及表皮细胞与外部组织间的滑移量均增大，使得在弹性范围内获得的果皮的弹性模量逐渐增大。

（21）采用徒手切片法获得苹果果皮细胞及孔隙的几何特征；苹果果皮的微观组织结构若具有连续性且无细观缺陷，表皮细胞组织层可视为均匀的连续体，果皮表皮细胞视作二维多边形，细胞的面积为常量；通过格林公式获得表皮细胞平面域的面积、重心及周长，通过惯性矩和最小二乘椭圆拟合来得到细胞的纵横比和定位方向。运用 Matlab 软件的图像处理程序进行近似的测定，使得表皮细胞的面积及纵横比、细胞的定位方向等均数字化；采用 K－S 检验发现不同品种苹果表皮细胞面积（不包含孔隙）的分布均近似于正态分布，并获得丹霞、红富士、新红星表皮细胞（不包含孔隙）的平均面积分别为 276.81 μm^2、89.27 μm^2、159.29 μm^2；红富士表皮细胞在其纵横比较大处的分布比丹霞和新红星的多，计算获得 3 种果皮表皮细胞纵横比的均值也是以红富士的最大为 1.12，新红星的最小为 0.99，且表皮细胞的纵横比的值与其面积的大小无关；丹霞、红富士、新红星表皮实测细胞面积与重心 Voronoi 单元面积均不存在差异，表明使用重心 Voronoi 方法仿真出的表皮细胞面积能够很好地用来进行表皮细胞面积的统计分析；表皮细胞（包含孔隙）表皮层重心 Voronoi 单元方向角的均值都围绕在 0 度左右，符合正态分布。

（22）基于 Voronoi 模型构建直径 2 mm 穿刺探头的苹果果皮穿刺模拟试验，运用 Solidworks 软件对苹果果皮穿刺模型的三维模型进行构建，完成 Abaqus 模型的网格划分，设置被穿刺模型无位移，设定模型的运动方式为几何非线性，结果表明，果皮组织在 1 mm/s 加载速度下，模拟试验所得应力最大值为 0.17 N/mm^2。

（23）采用专家调研法，对生物力学指标进行选择，并按照评价指标具有可测性、可操作性强、具有代表性、指标宜少不宜多的贮运原则，构建苹果不同组织贮运品质评价指标体系，以苹果不同组织材料静动态生物力学性质及流变特性指标为基础，确定了苹果不同组织品质的生物力学性质指标；运用德尔菲法和层次分析法定性定量分析苹果不同组织各生物力学指标抵抗贮运损伤的能力；基于判断矩阵和一致性检验，客观、科学地获得各生物力学指标的权重系数，实现苹果不同组织贮运品质的评价。

总之，研究果蔬果皮组织的生物力学特性可分析苹果采收、包装、加工、贮存、运输等过程中机械损伤的作用，准确了解果蔬果皮的力学性质，不仅为设计制造有关的机械系统和加工工艺提供理论依据，而且为果蔬品种的优种优育及果皮质地评价提供参考依据。同时果皮作为果实保护保鲜的第一道防线，本身就具有“包装保鲜材料”的功能，用材料学的观点对果皮结构和功能进行深入的研究，可为新的包装保鲜材料的探索研制和现有材料性能的改善提供新思路新方法。同时，果蔬果实的耐贮性与其果肉的组织结构密切相关。

10.2 展望

本研究采用理论与试验相结合的研究方法，从宏观力学的角度结合微观组织结构定性定量地分析研究了果蔬果皮生物力学性质及果蔬果皮细观力学机理，得到了许多有参考价值的结论，但也存在一些不足之处，仍需要在一些方面更加深入地探索。

（1）本书主要对成熟期的丹霞、红富士、新红星苹果果皮及酥梨、台农芒果、长茄子果皮进行了宏观力学性质、流变力学性质的试验研究，而果蔬果皮作为一种活的生物体，在其自然生长过程中受到多种因素的影响，深入地揭示果蔬果皮的力学性质与其微观结构的关系，不仅需要扩大试验对象的种类及试样的数量，还应对不同生长期果蔬果皮的力学性质进行试验研究。

（2）对果蔬果皮样品进行微观电镜扫描时，需要对样品其进行脱水、干燥等处理，使得观测的微观结构指标与真实结构指标有所偏差。如果在测定果蔬果皮力学性质指标时能够实现在线观测果皮微观结构，有利于更深入地研究果皮微观结构的变化对宏观生物力学指标的影响。

（3）建立的苹果果皮微观结构的 Voronoi 模型，属于平面模型，只采用了重心 Voronoi 的理论方法获得构造 Voronoi 图的生长点集，有待于进一步研究探讨果皮结构的空间模型及其采取多种方法获得生长点集，使得仿真的果皮表皮微观结构更精确逼真；同时，还需要进一步在仿真几何模型的基础上对果实新陈代谢中果皮水分和气体的扩散及苹果收获、运输、加工等过程中果皮承载和变形的实际状态进行模拟分析。

（4）对果蔬果皮微观组织结构进行微观组织结构观测时，忽略了果蔬果皮组织结构存在的微缺陷，孔隙微缺陷容易发生非弹性变形，会在很大程度上降低果皮材料性能。在贮运过程中因载荷作用及环境条件的影响，如温度、湿度等，使得果蔬果皮组织内部产生多种物理效应，导致孔隙微缺陷扩展、串联、汇合，致使组织刚度严重降低，引发其宏观指标逐渐劣化；因此，还需进一步考虑孔隙微缺陷和宏观生物力学之间的联系，完善果皮表皮的微观组织结构模型。

（5）研究表明，果蔬果皮物理结构与果实采后贮藏性及抗病性密切相关，可以有效表达果蔬耐贮性的相关品质。果皮的性状直接影响到果蔬可食部分的水分散失、对温度和热能的阻隔能力，即果蔬果皮作为果实最外层组成部分，是果实保鲜的第一道屏障，本身就具有优良的“包装保鲜”功能；果皮的特性及组织结构直接影响果实水分蒸发、气体交换及对微生物的抵御能力。因此，还需进一步对果蔬果皮的透湿透气性进行深入的研究，丰富果蔬果皮的物理性参数指标，并从微观层面探讨果蔬果皮形态结构对气体透过行为的影响。

（6）果蔬组织结构细胞的形状及大小、细胞间隙的宽度等微观特征与果蔬的宏观力学特性密切相关，能够更深刻地揭示果实贮运损伤的机理，许多学者通过研究果蔬的微观特征来解释其宏观力学性质的差异，还需进一步通过其微观组织结构的变位仿真来分析宏观力学特性，从而建立果蔬宏观力学性质与其微观结构的相关关系。

参 考 文 献

鲍黄贵，2009. 基于机器人采摘的柑橘力学特性分析及柑橘贮藏期品质变化研［D］. 镇江：江苏大学.

曹振涛，杨柳，王志诚，等，2022. 静压对梨子力学—结构损伤特性的影响［J］. 武汉轻工大学学报，41（6）：37-43.

陈军，2002. Voronoi 动态空间数据模型［M］. 北京：科学出版社.

陈少华，彭志龙，2012. 壁虎粘附微观力学机制的仿生研究进展［J］. 力学进展，42（3）：282-293.

崔福斋，郑传林，2004. 仿生材料［M］. 北京：化学工业出版社.

邓继光，刘国成，李进辉，等，1995. 苹果品种果实组织结构研究［J］. 果树学报，12（2）：71-74.

董朝菊，2012. 2011/2012 年度世界苹果产销概况［J］. 中国果业信息，28（7）：11-13.

冯元桢，1983. 生物力学［M］. 北京：科学出版社.

高爱农，杨彬，张敏，等，1989. 无锈金冠果皮角质层结构的观察［J］. 北方果树（4）：19-21.

高飞飞，黄辉白，许建楷，1994. 红江橙裂果原因探讨［J］. 华南农业大学学报（1）：34-39.

宫英美，张凤敏，1988. 苹果果皮构造与耐藏性关系的研究［J］. 山西果树（2）：4-5.

郭维俊，王芬娥，黄高宝，等，2009. 小麦茎秆力学性能与化学组分试验［J］. 农业机械学报，40（2）：110-114.

郭文斌，王春光，刘百顺，2008. 马铃薯应力松弛特性［J］. 农业机械学报，39（2）：205-207.

侯聚敏，2017. 基于微观结构和模态分析的苹果质地研究［D］. 长春：吉林大学.

黄祥飞，卢立新，2008. 梨果实振动损伤及其对蠕变特性的影响［J］. 农业工程学报，24（1）：34-37.

姜松，何莹，赵杰文，2007. 水果黄瓜在贮藏过程中力学品质变化的研究［J］. 食品科学，28（2）：322-326.

蒋冰瑶，王菊霞，李涛，等，2021. 基于穿刺力学试验的苹果果肉质地评价［J］. 农业工程，11（7）：57-63.

蒋冰瑶，王菊霞，李涛，等，2022. 不同加载速度下苹果果皮穿刺力学特性研究 [J]. 农机化研究，44 (6)：145-151.

焦群英，王书茂，1999. 用动力学方法检测水果坚实度的研究进展 [J]. 力学进展，29 (4)：583-590.

孔振兰，夏延斌，朱卫平，2000. 32 种蔬菜与贮藏保鲜相关的形态解剖特征比较研究 [J]. 湖南农业大学学报，26 (1)：43-45.

雷得天，马小愚，1991. 马铃薯组织破坏时的力学性能及其流变学模型 [J]. 农业机械学报，22 (2)：63-67.

李富军，张新华，2004. 果蔬采后生理与衰老控制 [M]. 北京：中国环境科学出版社.

李宏建，伊凯，李宝，等，2008. 苹果果实组织结构与耐贮性关系研究 [C]. 2008 年全国苹果科研与产业发展学术研讨会论文集：365-370.

李宏建，伊凯，李宝江，等，2009. 苹果不同品种果实组织结构研究 [J]. 中国果树 (3)：13-17.

李克志，高中山，1990. 枣裂果机理的初步研究 [J]. 果树科学，7 (4)：221-226.

李里特，2001. 食品物性学 [M]. 北京：中国农业出版社.

李小昱，王为，1998. 苹果压缩特性的研究 [J]. 西北农业大学学报，26 (2)：107-110.

李阳，2007. 建筑膜材料和膜结构的力学性能研究与应用 [D]. 上海：同济大学.

李治梅，张玉星，许建锋，等，2006. 鸭梨、黄金梨果实结构与耐贮性的关系 [J]. 果树学报，23 (1)：108-110.

林河通，席玙芳，陈绍军，等，2002. 龙眼果皮形态结构比较观察及其与果实耐贮运的关系 [J]. 广西植物，22 (5)：413-419.

刘国成，马怀宇，吕德国，等，2012. “寒富”苹果贮藏期果实解剖结构及品质变化研究 [J]. 北方园艺 (15)：1-4.

刘剑锋，李国怀，彭抒昂，等，2007. 秋子梨的果皮结构与果实的耐贮性 [J]. 园艺学报，34 (4)：1007-1010.

刘丽，杨在宾，杨维仁，等，2009. 姜苗茎剪切力研究 [J]. 草业科学，26 (11)：118-124.

刘邻谓，2000. 食品化学 [M]. 北京：中国农业出版社.

刘雯斐，李保国，齐国辉，等，2008. 微域环境温湿度与苹果果面碎裂的关系 [J]. 果树学报，25 (4)：458-461.

刘仲齐，薛俊，金凤媚，等，2007. 番茄裂果与果皮结构的关系及其杂种优势表现 [J]. 华北农学报，22 (3)：141-147.

卢立新，王志伟，2007. 苹果跌落冲击力学特性研究 [J]. 农业工程学报，23 (2)：254-258.

卢艳清，彦苹，李保国，等，2015. “红富士”苹果果肉开裂型裂果发生机理研究 [J]. 北方园艺 (17)：15-21.

鲁建东，贾渊，2010. 复合塑料薄膜透湿方程的研究 [J]. 中国印刷与包装研究，2（s1）：441-443.

陆秋君，王俊，何喜玲，2005. 常温贮藏中番茄应力松弛特性试验 [J]. 农业机械学报，36（7）：77-80.

路志芳，路志强，2005. 苹果采后生理及保鲜研究 [J]. 安徽农业科学，33（4）：712-724.

马建峰，陈五一，赵岭，等，2008. 基于竹子微观结构的柱状结构仿生设计 [J]. 机械设计，25（12）：50-53.

马庆华，王贵禧，梁丽松，等，2011. 冬枣的穿刺质地及其影响因素 [J]. 林业科学研究，24（5）：596-601.

孟陆丽，张谦益，吴洪华，等，2006. 剪切试验测试梨果肉质地研究 [J]. 食品工业科技，27（11）：55-57.

钮怡清，胥义，2017. 哈斯鳄梨应力松弛力学特性及货架期预测模型 [J]. 食品与发酵工业，43（11）：75-80.

潘睿，薛忠，李海亮，等，2023. 不同品种菠萝果皮穿刺力学特性研究 [J]. 山西农业大学学报（自然科学版），43（4）：86-95.

屈红霞，蒋跃明，李月标，等，2004. 黄皮耐贮性与果皮超微结构的研究 [J]. 果树学报，21（2）：153-157.

饶景萍，任小林，2003. 园艺产品贮运学 [M]. 北京：科学技术出版社.

任国慧，陶然，文习成，等，2013. 重要果树果实裂果现象及防治措施的研究进展 [J]. 植物生理学报，49（4）：324-330.

汝学娟，潘光辉，汝学玲，等，2011. 番茄裂果机理及防治措施 [J]. 北方园艺（15）：225-227.

石志平，王文生，2003. 鲜枣裂果及其与解剖结构相关性研究 [J]. 华北农学报，18（2）：92-94.

宋有洪，郭焱，李保国，等，2003. 基于器官生物量构建植株形态的玉米虚拟模型 [J]. 生态学报，23（12）：2579-2586.

苏远，张目清，赵江，等，2008. 塑料包材透气性能测试研究—压差对透气性能的影响 [J]. 塑料包装，18（1）：31-35.

孙艳，张媛，李中勇，等，2013. 套袋“红富士”苹果果实表皮结构的发育及其与裂纹的关系 [J]. 北方园艺（15）：5-10.

孙一源，1986. 农业生物力学与农业工程 [J]. 农业机械学报（3）：82-86.

陶世蓉，2000. 梨果实结构与耐贮性及品质关系的研究 [J]. 西北植物学报，20（4）：544-548.

田青兰，张英俊，刘洁云，等，2022. 西番莲果皮质构特性和显微结构特征分析 [J]. 果树学报，39（12）：2365-2375.

屠鹏，边红霞，石萍，等，2018. 压力损伤对苹果贮藏期品质影响［J］. 食品工业科技，39（14）：239－243.

王春生，李建华，赵猛，1997. 苹果在不同货架条件下的生理及品种变化［J］. 山西农业科学，25（1）：76－79.

王惠聪，韦邦稳，高飞飞，等，2000. 荔枝果皮组织结构及细胞分裂与裂果关系探讨［J］. 华南农业大学学报，21（2）：10－13.

王剑，王俊，陈善锋，等，2002. 黄花梨的撞击力学特性研究［J］. 农业工程学报，18（6）：32－35.

王健，朱锦懋，林青青，等，2006. 小麦茎秆结构和细胞壁化学成分对抗压强度的影响［J］. 科学通报（6）：679－685.

王皎，李赫宇，刘岱琳，等，2011. 苹果的营养成分及保健功效研究进展［J］. 食品研究与开发，32（1）：164－168.

王菊霞，崔清亮，李洪波，等，2016. 基于流变特性的不同品种苹果果皮质地评价［J］. 农业工程学报，32（21）：305－314.

王军虹，刘武林，1999. 苹果梨贮藏期生理生化变化［J］. 东北农业大学学报，30（1）：79－83.

王俊，王剑平，蒋亦元，等，2002. 梨肉松弛特性各向差异研究［J］. 农业工程学报，18（4）：123－126.

王荣，焦群英，魏德强，2004. 葡萄与番茄宏观力学特性参数的确定［J］. 农业工程学报，20（2）：54－57.

王艳颖，胡文忠，庞坤，等，2007. 机械损伤对红富士苹果生理生化变化的影响［J］. 食品与发酵工业，235（7）：58－62.

王玉顺，2012. 试验设计与统计分析 SAS 实践教程［M］. 西安：西安电子科技大学出版社.

王忠，2005. 植物生理学［M］. 北京：中国农业出版社.

吴亚丽，2012. 高压脉冲电场预处理对果蔬生物力学性质的影响［D］. 晋中：山西农业大学.

武艺儒，刘静，张欣，等，2019. 3 种灌木直根抗剪特性及其与化学组分的关系［J］. 干旱区资源与环境，33（4）：129－133.

肖娅萍，刘全宏，田先华，等，1994. 自然贮存苹果的生化分析及形态解剖学研究［J］. 西北植物学报，14（5）：92－95.

熊自立，张海利，吴伟华，等，2010. 硬果型番茄延期采收及耐贮性试验初探［J］. 长江蔬菜（2）：48－50.

徐澍敏，何龙，马顺水，2006. 桃的撞击特性及与损伤的关系［J］. 浙江农业报，18（2）：106－109.

杨福馨，2011. 农产品保鲜包装技术［M］. 北京：化学工业出版社：76－77.

杨玲，田义，张彩霞，等，2020. 乔纳金苹果的应力松弛和蠕变特性与其品质相关性分析［J］. 保鲜与加工，20（4）：21－29.

杨淑娟，章英才，郑国琦，等，2010. 灵武长枣正常果与裂果解剖结构的比较研究［J］. 北方园艺（22）：15－18.

杨为海，曾辉，邹明宏，等，2011. 裂果发生与果皮细胞壁修饰的关系研究进展［J］. 热带作物学报，32（10）：1995－1999.

杨晓清，陈忠军，朱丽静，2007. 苹果梨静载机械特性的研究［J］. 食品科学，28（8）：90－93.

杨晓清，王春光，2007. 河套蜜瓜静载蠕变特性的试验研究［J］. 农业工程学报，23（3）：202－207.

杨兴胜，2019. 苹果片干燥微观模型研究与干燥特性分析［D］. 杨凌：西北农林科技大学.

于继洲，马丽萍，张秀梅，等，2002. 枣树裂果机理研究［J］. 山西农业科学，30（1）：76－79.

俞宏，贾湘汴，2002. 梨幼果表皮果点形成的组织解剖观察［J］. 果树学报，19（1）：62－63.

张敬敬，高秀瑞，李冰，等，2021. 不同硬度西瓜果皮发育进程中硬度变化及解剖构造研究［J］. 河北农业大学学报，44（3）：29－33.

张谦益，吴洪华，王香林，等，2006. 穿刺试验测试梨果肉质地的研究［J］. 农产品加工（学刊）（4）：22－24.

张晓萍，赵旗峰，李六林，等，2021. “板枣”果皮特性与裂果关系探索［J］. 中国果树（12）：64－68.

张秀玲，唐国宪，凌海波，2001. TY 型保鲜袋对黄瓜贮藏品质影响［J］. 北方园艺（6）：45－47.

智福军，付雅丽，贾彦丽，等，2011. 苹果果实裂果研究进展［J］. 河北农业科学，15（1）：24－26.

周怡，郭策，朱春生，等，2011. 具有层状纤维缠绕的仿甲虫鞘翅轻质结构的设计及其力学性能分析［J］. 中国机械工程，22（16）：1069－1073.

邹河清，许建楷，1995. 红江橙的果皮结构与裂果的关系研究［J］. 华南农业大学学报，16（1）：90－96.

Ahmed EM，Martin FG，Fluck RC，1973. Damaging stresses to fresh and irradiated citrus fruit［J］. Journal of Food Science，38（2）：230－233.

Alamar MC，Vanstreels E，Oey ML，et al，2008. Micromechanical behaviour of apple tissue in tensile and compression tests：Storage conditions and cultivar effect［J］. Journal of Food Engineering，86（3）：324－333.

Allende A，Desmet M，Vanstreels E，et al，2004. Micromechanical and geometrical properties of tomato skin related to differences in puncture injury susceptibility［J］. Postharvest Biology and Technology，34（2）：131－141.

Andrews J，Adams SR，Burton KS，et al，2002. Partial purification of tomato fruit peroxidase and its effect on the mechanical properties of tomato fruit skin [J]. Journal of Experimental Botany, 53 (379): 2393-2399.

Babos K, Sass P, Mohacsy P, 1983. Relationship between the peel structure and storability of apples [J]. Canadian-American Slavic Studies, 17 (2): 199-221.

Babos K, Sass P, Mohácsy P, 1984. Relationship between the peel structure and storability of apples [J]. Acta Agronomica Academiae Scientiarum Hungaricae, 17 (2): 199-221.

Bargel H, Neinhuis C, 2005. Tomato (*Lycopersicon esculentum* Mill.) fruit growth and ripening as related to the biomechanical properties of fruit skin and isolated cuticle [J]. Journal of Experimental Botany, 56 (413): 1049-1060.

Belding RD, Blankenship SM, Young E, et al, 1998. Composition and variability of epicuticular waxes in apple cultivars [J]. Journal of the American Society for Horticulture Science, 123 (3): 348-356.

Belie ND, Hallett IC, Harker FR, et al, 2000. Influence of ripening and turgor on the tensile properties of pears: Amicroscopic study of cellular and tissue changes [J]. Journal of American Society for Horticultural Science, 125 (3): 350-356.

Bigaud D, Szostkiewicz C, Hamelin P, 2003. Tearing analysis for textile reinforced soft composites under mono-axial and bi-axial tensile stresses [J]. Composite Structures, 62 (2): 129-137.

Bollen AF, 2001. Relation of individual forces on apples and bruising during orchard transport of bulk bins [J]. Applide Engineering in Agriculture, 17 (2): 193-200.

Bollen AF, Cox NR, Rue BTD, et al, 2001. PH—Postharvest Technology: A Descriptor for Damage Susceptibility of a Population of Produce [J]. Journal of Agricultural Engineering Research, 78 (4): 391-395.

Brummell DA, Cin VD, Crisosto CH, et al, 2004. Cell wall metabolism during maturation, ripening and senescence of peach fruit [J]. Journal of Experimental Botany (55): 2029-2039.

Brusewitz GH, Mccollum TG, zhang X, 1991. Impact bruise resistence of peaches [J]. Transaction of the ASAE, 34 (3): 962-965.

Canet W, Sherman P, 1988. Influence of friction, sample dimensions and deformation rate on the uniaxial compression of raw potato flesh [J]. Journal of Texture Studies, 19 (3): 275-287.

Chen HJ, Cao SF, Fang XJ, et al, 2015. Changes in fruit firmness, cell wall composition and cell wall degrading enzymes in postharvest blueberries during storage [J]. Sci Hortic (188): 44-48.

Cline J, Sekse L, Meland M, et al, 1995. Rain-induced fruit cracking of sweet cherries. I. Influence of cultivar and rootstock on fruit water absorption, cracking and quality

[J]. Acta Agriculturae. Scandinavica, Section B - Soil & Plant Science, 45 (45): 213-223.

Costell ESM, Fiszman P, 1986. Relaxation in Viscoelastic Systems - Comparison of Methods to Analyze Experimenta Curve [J]. In Gums and Stabilizers for Food Industry (3): 545-553.

Dan C, 1967. Computer simulation of biological pattern generation processes [J]. Nature, 216 (216): 246-248.

Dirichlet GL, 2009. Uber die Reduction der positiven quadratischen Formen mit drei unbestimmten ganzen Zahlen [J]. Joumal Für Die Reine Und Angewandte Mathematik, 1850 (40): 209-227.

Dolores AM, Saunders DEJ, Vincent JF, et al, 2000. An engineering method to evaluate the crisp texture of fruit and vegetables [J]. Journal of Texture Stuidies, 31 (4): 457-473.

Faust M, Shear CB, 1972b. Fine structu re of the fruit surface of three apple cultivars [J]. Journal of the American Society for Horticulture Science (97): 351-355.

Fishman ML, Levyaj B, Gillespie D, 1993. Changes in the physico - chemical properties of peach fruit pectin during on - tree ripening and storage [J]. Journal of the American Society for Horticultural science, 118 (3): 343-349.

Flood SF, Burks TB, Teixeira AA, 2006. Physical properties of oranges in response to applied gripping forces for robotic harvesting [J]. An ASABE Meeting Presentation, 49 (2): 341-346.

Gerschenson L, Rojas A, Marangoni A, 2001. Effects of processing on kiwi fruit dynamic rheological behaviour and tissue structure [J]. Food Research International, 34 (1): 1-6.

Ghafir SAM, Gadalla SO, Murajei BN, et al, 2009. Physiological and anatomical comparison between four different apple cultivars under cold - storage conditions [J]. Biologica Szegediensis, 3 (6): 133-138.

Grimm E, Khanal BP, Winkler A, et al, 2012. Structural and physiological changes associated with the skin spot disorder in apple [J]. Postharvest Biology and Technology, 64 (1): 111-118.

Hackett C, 1972. A model of the extension and branching of a semihal root of barley, and its use in studying relations between root dimensions [J]. I. The model. Australian Journal of Botany, 25 (4): 669-679.

Hamkins CP, Backer S, 1980. On the mechanisms of tearing in woven fabric [J]. Textile Reseach, 50 (5): 323-327.

Harker FR, 2002. Sensory interpretation of instrumental measurement: texture of apple fruit [J]. Postharvest Biology and Technology, 24 (3): 225-239.

Harker FR, Stec MGH, Hallet IC, et al, 1997. Texture of parenchymatous plant tissue: a comparison between tensile and other instrumental and sensory measurements of tissue strength and juiciness [J]. Postharvest Biology and Technology, 11 (2): 63 - 72.

Hetzronia A, Vana A, Mizrach A, 2011. Biomechanical characteristics of tomato fruit peels [J]. Postharvest Biol. Technol, 59 (1): 80 - 84.

Holt JE, Schoorl D, 1985. A theoretical and experimental analysis of the effects of suspension and road profile on bruising in multilayered apple packs [J]. Journal of Agricultural Engineering Research, 31 (4): 297 - 308.

Homutová I, Blažek J, 2006. Differences in fruit skin thickness between selected apple (*Malus domestica* Borkh.) cultivars assessed by histological and sensory methods [J]. Horticultural Scienc, 33 (3): 108 - 113.

Honda H, 1971. Description of the form of trees by the parameters of the tree - like body: effects of the branching angle and the branch length on the shape of the tree - like body [J]. Journal of Theoretical Biology, 31 (2): 331 - 338.

Hu J, Jiang Y, Ko F, 1998. Modeling uniaxial properties of multiaxial warp knitted fabrics [J]. Textile Research Journal, 68 (11): 828 - 834.

Huang XM, Wang HC, Gao FF, et al, 1999. A comparative study of the pericarp of litchi cultivars susceptible and resistant to fruit cracking [J]. Journal of Horticultural Science & Biotechnology, 74 (3): 351 - 354.

Iwaasa AD, Beauchemin KA, Buchanan - Smith JG, et al, 1996. A shearing technique measuring resistance properties of plant stems [J]. Animal Feed Science and Technology, 57 (57): 225 - 237.

Jackman RL, Marangoni AG, Stanley DW, 1992. The effects of turgor pressure on the puncture and viscoelastic properties on tomato tissue [J]. Journal of Texture Studies, 23 (4): 491 - 505.

Jenks MA, Joly RJ, 1994. Chemically induced cuticle mutation affecting epidermal conductance to water vapor and disease susceptibility in *Sorghum bicolor* (L.) Moench [J]. Plant Physiology, 105 (4): 1239 - 1245.

Jenks MA, Tuttle HA, Eigenbrode SD, et al, 1995. Leaf epicuticular waxes from the Eceriferum mutans in Arabidopsis [J]. Plant Physiology, 108 (1): 369 - 377.

John A, Yang J, Liu J, et al, 2018. The structure changes of watersoluble polysaccharides in papaya during ripening [J]. International Journal of Biological Macromolecules, 15: 152 - 156.

Kajuna S, 1998. Effect of Ripening on the Parameters of Three Stress Relaxation Models for Banana and plantain [J]. Applied Engineering in Agriculture, 14 (1): 55 - 61.

Karlsen AM, 1999. Instrumental and sensory analysis of frensh norwegian and importes apples [J]. Food Quality and Preference, 10 (4-5): 305-314.

Kiyoto S, Sugiyama J, 2022. Histochemical structure and tensile properties of birch cork cell walls [J]. Cellulose, 29: 2817-2827.

Koch K, Bhushan B, Barthlott W, 2009. Multifunctional surface structures of plants: an inspiration for biomimetics [J]. Progress in Materials Science, 54 (2): 137-178.

Koch K, Ensikat HJ, 2008. The hydrophobic coatings of plant surfaces: Epicuticular wax crystals and their morphologies, crystallinity and molecular self-assembly [J]. Micron, 39 (7): 759-772.

Konarska A, 2012. Differences in the fruit peel structures between two apple cultivars during storage [J]. Acta Scientiarum Polonorum Hortorum Cultus, 11 (2): 105-116.

Lahaye M, Devaux MF, Poole M, 2013. Pericarp tissue microstructure and cell wall polysaccharide chemistry are differently affected in lines of tomato with contrasted firmness [J]. Postharvest Biology and Technology, 76: 83-90.

Li JW, Ma YH, Tong J, et al, 2018. Mechanical properties and microstructure of potato peels [J]. International Journal of Food Properties, 21: 1395-1413.

Li ZG, Li PP, Liu JZ, 2011. Physical and mechanical properties of tomato fruits as related to robot's harvesting [J]. Journal of Food Engineering, 2 (2): 170-178.

Lindenmayer A, 1968. Mathematical models for cellular interactions in development I. Filaments with one-sided inputs [J]. Journal of Theoretical Biology, 18 (3): 280-315.

Liu XF, Li SR, Feng XX, et al, 2021. Study on Cell Wall Composition, Fruit Quality and Tissue Structure of Hardened 'Suli' Pears (*Pyrus bretschneideri* Rehd) [J]. Journal of Plant Growth Regulation, 40: 2007-2016.

Maguire KM, Lang A, Banks NH, et al, 1999. Relationship between water vapour permeance of apples and micro-cracking of the cuticle [J]. Postharvest Biology and Technology, 17 (2): 89-96.

Markstädter C, Federle W, Jetter R, et al, 2000. Chemical composition of the slippery epicut-icular wax blooms on *Macaranga* (Euphorbiaceae) ant-plants [J]. Chemoecology, 10 (1): 33-40.

Mattea M, Urbicain MJ, Rotstein E, 1989. Computer model of shrinkage and deformation of cellular tissue during dehydration [J]. Chemical Engineering Science, 44 (89): 2853-2859.

Mulchrone KF, Choudhury KR, 2004. Fitting an ellipse to an arbitrary shape: implications for strain analysis [J]. Journal of Strunctural Geology, 26 (1): 143-153.

Musel G, Schindler T, Bergfeld R, et al, 1997. Structure and distribution of lignin in primary and secondary cell walls of maize coleoptiles analyzed by chemical and immunological probes [J]. Planta, 201 (2): 146-159.

Oey ML, Vanstreels E, Baerdemaeker JD, et al, 2007. Effect of turgor on micromechanical and structural properties of apple tissue：A quantitative analysis [J]. Postharvest Biology and Technology，44 (3)：240 - 247.

Peleg K，Hinga S，1986. Simulation of Vibration Damage in Produce Transportation [J]. Transactions of the ASAE，29 (2)：633 - 641.

Perttunen J，Anen RS，Nikinmaa E，et al，1996. Lignum：A tree model based on simple structural units [J]. Annals of Botany，77 (1)：87 - 98.

Perttunen J，Nikinmaa E，Martin J，et al，2001. Application of the functional - structural tree model Lignum to sugar maple saplings (*Acer saccharum* Mmarsh) growing in forest gaps [J]. Annals of Botany，88 (3)：471 - 481.

Perttunen J，Sievänen R，Nikinmaa E，1998. Lignum：a model combining the structure and the functioning of trees [J]. Ecological Modelling，108 (1 - 3)：189 - 198.

Roudot AC，Duprat F，Pietri E，1990. Simulation of a penetrometric test on apples using Voronoi - Delaunay tessellation [J]. Food Structure，9 (3)：215 - 222.

Sadrnia H，Rajabipour A，Jafari A，et al，2008. Internal bruising prediction in watermelon compression using nonlinear models [J]. Journal of Food Engineering，86 (2)：272 - 280.

Sakurai N，1991. Cell Wall Functions in Growth and Development—A Physical and Chemical Point of View [J]. Botanical Magazine，104 (3)：235 - 251.

Scanlon MG，Long AE，1995. Fracture strengths of potato tissue under compression and tension at two rates of loading [J]. Food Research International，28 (4)：397 - 402.

Scelzo WA，Backer S，Boyce MC，1994. Mechanistic role of yam and fabric structure in determining tear resistance of woven cloth. Part I：Understanding tongue tear [J]. Textile Reseach Journal，64 (6)：291 - 304.

Schoorl D，Holt JE，1983. Cracking in potatoes [J]. Journal of Texture Studies，14 (1)：61 - 70.

Silverio GL，David JB，Andrew J，et al，2004. The role of pericarp cell wall component in maize weevil resistance [J]. Corp Science，44 (5)：1546 - 1552.

Singh KK，Reddy BS，2006. Post - harvest physico - mechanical properties of orange peel and fruit [J]. Journal of Food Engineering，73 (2)：112 - 120.

Smith GS，Curtis JP，Edwards CM，1992. A method for analyzing plant architecture as it relates to fruit quality using three - dimensional computer graphics [J]. Annals of Botany，70 (3)：265 - 269.

Spies GJ，1953. The peeling test on redux - bonded joints [J]. Journal of Aircraft Engineering (25)：64 - 70.

Stark RE，Tian S，2006. The cutin biopolymer matrix. In：Riederer M，Müller C (eds). Biology of the Plant Cuticle [J]. Oxford：Black Well：126 - 144.

Thiessen AH，1911. Precipitation averages for large areas [J]. Monthly Weather Review，39

(7): 1082 - 1084.

Tu M, Steger AC, Ix I, et al, 1996. On the calculation of moments of polygons [J]. Acta Polymerica Scinica, 9 (11): 1126 - 1131.

Ulam S, 1962. On some mathematical properties connected with patterns of growth of figures. In: Proceedings of Symposia on Applied Mathematics [J]. American Mathematical Society: 215 - 224.

Vanstreels E, Alamar MC, Verlinden BE, et al, 2005. Micromechanical behaviour of onion epidermal tissue [J]. Postharvest Biology and Technology, 37 (2): 163 - 173.

Veraverbake EA, Bruaene NV, Oostveldt PV, et al, 2001. Non destructive analysis of the wax layer off apple (*Malus domestica* Borkh.) by means of confocal laser scanning microscopy [J]. Planta, 213 (4): 525 - 533.

Voisey PW, Tape NW, Kloek M, 1969. Physical Properties of the Potato Tuber [J]. Canadian Institute of Food Technology Journal, 2 (2): 98 - 103.

Voronoi G, 2009. Nouvelles applications des parameters continues *à* la théorie des formes quadratiques deuxième memoire. Recherché sur les parallelloèdres primitives [J]. Journal Für Die Reine Und Angewandte Mathematik, 1908 (134): 198 - 287.

Wang JX, Cui QL, Li HB, et al, 2015. Experimental Research on Mechanical Properties of Apple Peels [J]. Journal of Engineering and Technology Science, 47 (6): 688 - 705.

Wang JX, Cui QL, Li HB, et al, 2017. Mechanical Properties and Microstructure of Apple Peels during Storage. International Journal of Food Properties, 20: 1159 - 1173.

Wang JX, Cui QL, Zheng DC, 2019. Research on Tearing Property of Apple Peels Base on Microstructure [J]. INMATEH - Agricultural Engineering, 58 (2): 223 - 230.

Wang JX, Cui QL, Zheng DC, 2019. Study on Tensile Mechanical Property and Microstructure of Fruit and Vegetable Peels [J]. INMATEH—Agricultural Engineering, 58 (3): 227 - 236.

Wang JX, Jiang BY, Xu SH, et al, 2020. Research on the Contribution Ratio of Apple peel Puncture Behavior to Fruit Firmness [J]. INMATEH—Agricultural Engineering, 60 (1): 163 - 172.

Wang L, Jin P, Wang J, et al, 2015. Effect of betaaminobutyric acid on cell wall modification and senescence in sweet cherry during storage at 20 ℃ [J]. Food Chemistry, 175: 471 - 477.

Wolfe K, Wu XZ, Liu RB, 2003. Antioxidant activity of apple peels [J]. Journal of Agriculture and Food Chemistry, 51 (51): 609 - 614.

Wolfe K, Wu XZ, Liu RH, 2003. Apple Peels as a Value - Added Food Ingredient [J]. Journal of Agriculture and Food Chemistry, 51 (51): 1676 - 1683.

YIN Y, BI Y, LI YC, et al, 2012. Use of thiamine for controlling Alternaria alternata postharvest rot in Asian pear (*Pyrus bretschneideri* Rehd. cv. Zaosu) [J]. International Journal of Food Science and Technology, 47 (10): 2190-2197.

Zamorskyi V, 2007. The role of the anatomical structure of apple fruits as fresh cut produce [J]. Acta Horticulturae (746): 509-512.

Zeebroeck MV, Tijskens E, Dintwa E, et al, 2006. The discrete element method (DEM) to simulate fruit impact damage during transport and handling: Case study of vibration damage during apple bulk transport [J]. Postharvest Biology and Technology, 41 (1): 92-100.

Zhang CB, Chen LH, Jiang J, 2014. Why fine tree roots are stronger than thicker roots: The role of cellulose and lignin in relation to slope stability [J]. Geomorphology, 206: 196-202.

图 2-5　苹果果皮拉伸断裂的部分试样

(a) 拉伸试样　　(b) 拉伸试验

图 2-15　果皮取样方向、拉伸试样和拉伸试验

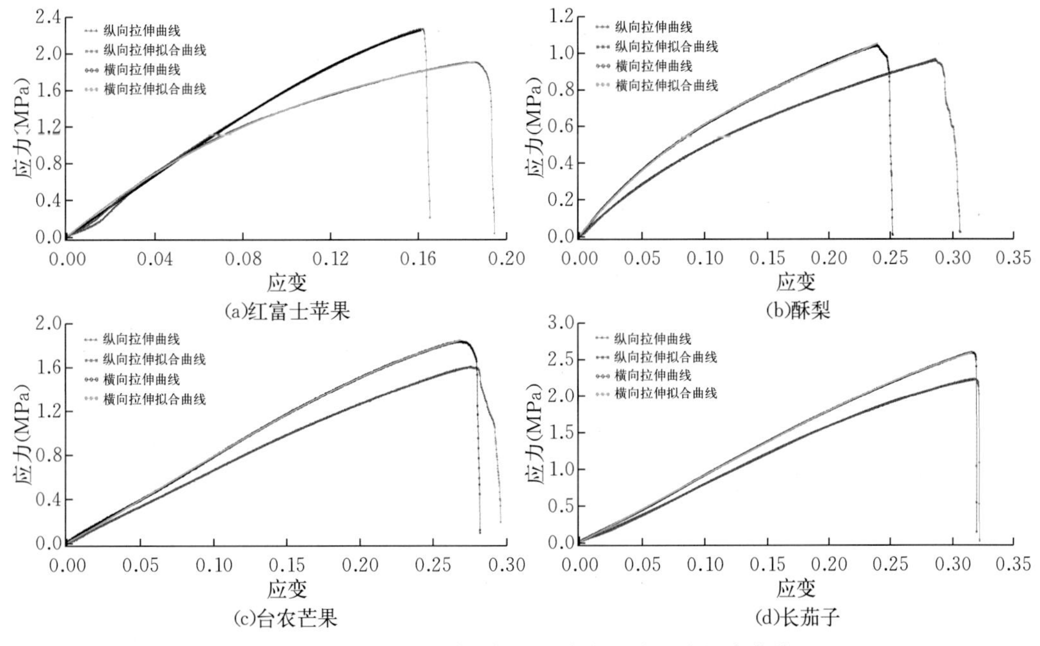

图 2-16　果蔬果皮拉伸应力-应变及多项式拟合曲线

(a) 果皮试样

(b) 裤型试样

(c) 撕裂试验

图 3-1　苹果果皮撕裂试样及撕裂试验

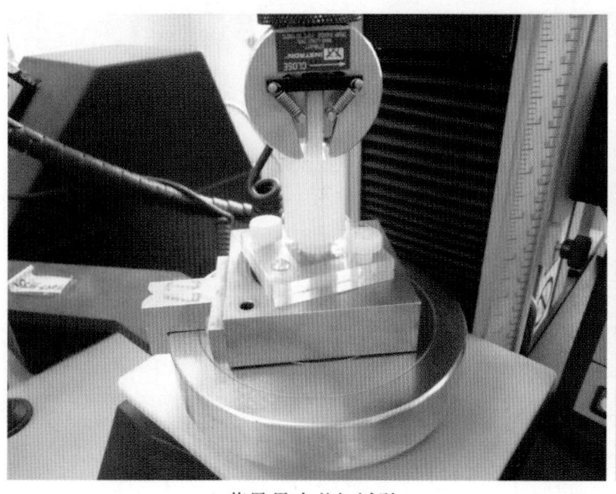
(a) 苹果果皮剪切试验

(b) 苹果果皮剪断试样

图 4-2　苹果果皮剪切试验和剪断的试样

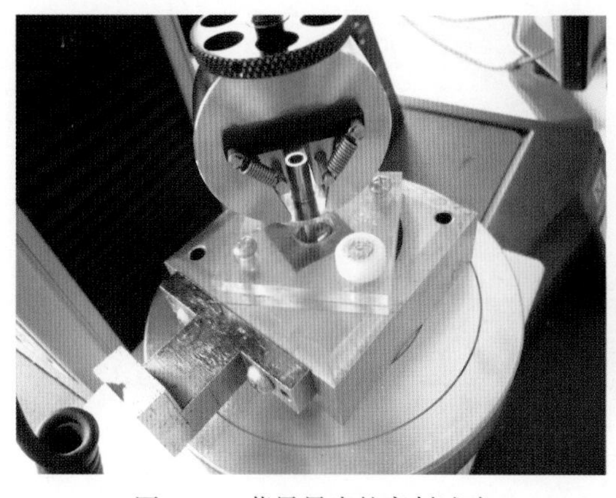
图 5-1　苹果果皮的穿刺试验

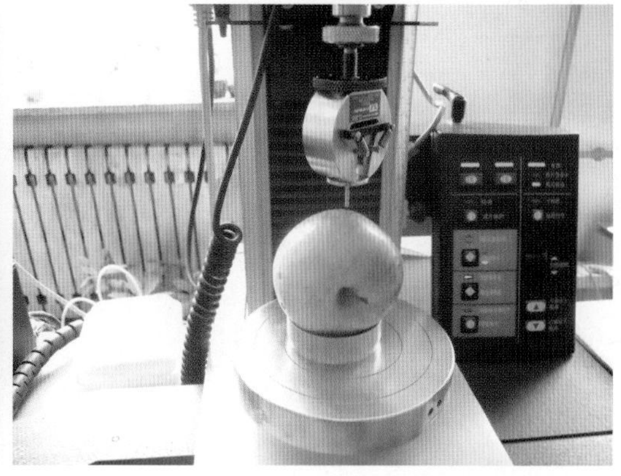
图 5-4　苹果整果穿刺试验

(a) 穿刺试样

(b) 穿刺试验

图 5 - 10　穿刺果皮试样和穿刺试验

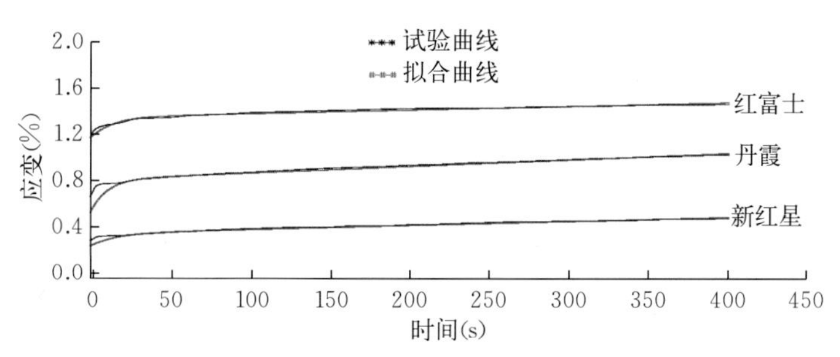

图 6 - 8　苹果果皮蠕变试验曲线和拟合曲线

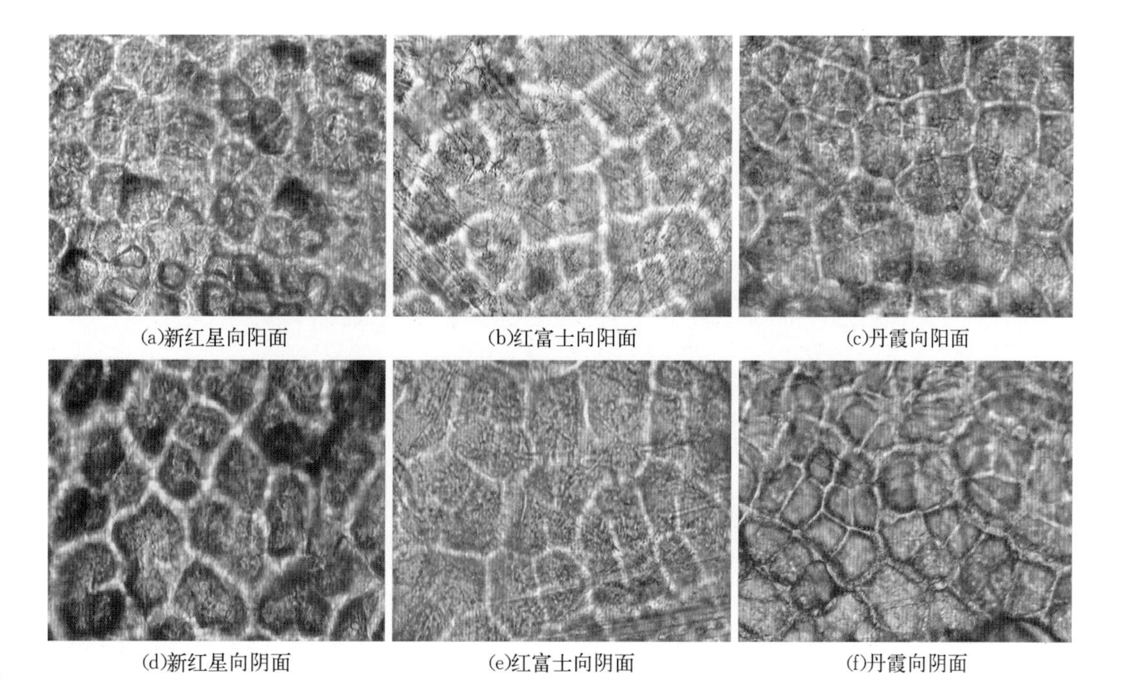

(a)新红星向阳面　(b)红富士向阳面　(c)丹霞向阳面

(d)新红星向阴面　(e)红富士向阴面　(f)丹霞向阴面

图 7 - 13　鲜果果皮表面光镜微观结构图

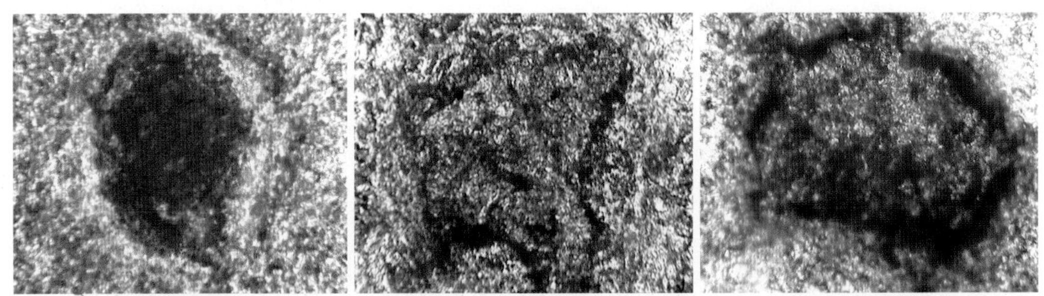

(a) 新红星　　(b) 红富士　　(c) 丹霞

图 7-14　果皮果点光镜微观结构图

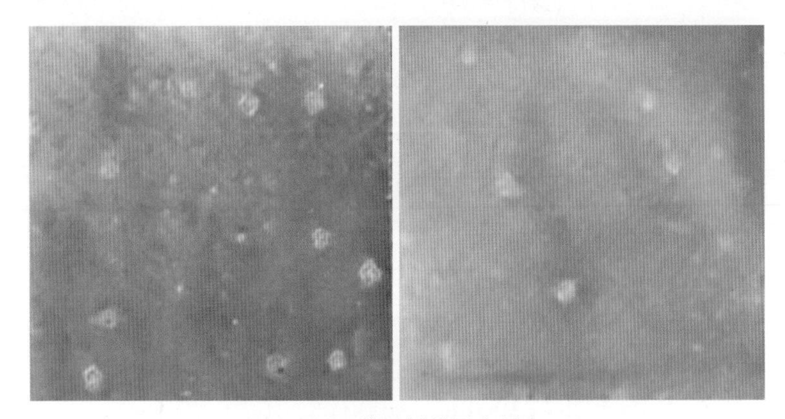

图 7-18　苹果鲜果果皮果点

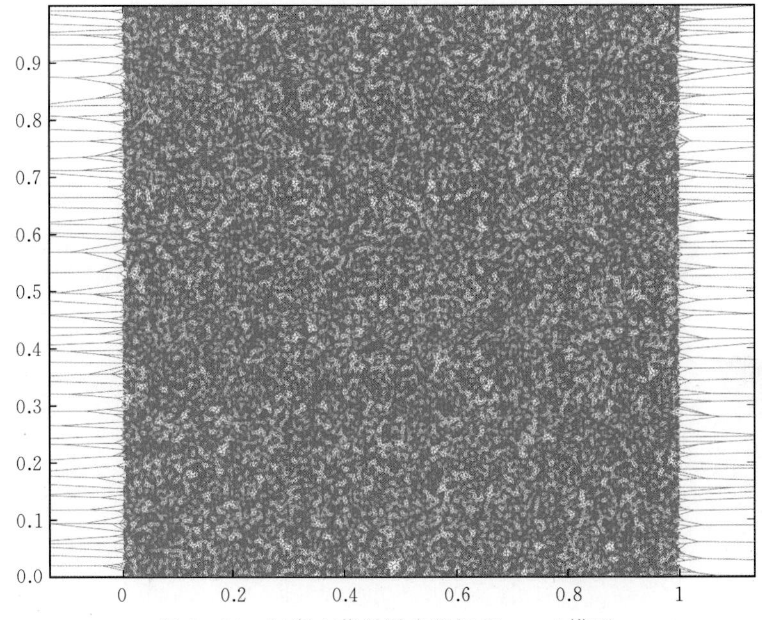

图 8-14　红富士苹果果皮组织 Voronoi 模型